全国高职高专环境保护类专业规划教材

环境影响评价

教育部高等学校高职高专环保与气象类专业教学指导委员会组织编写

主　编　吴卫东
副主编　颜廷良　丁淑杰
主　审　王怀宇

中国劳动社会保障出版社

图书在版编目(CIP)数据

环境影响评价/吴卫东主编. —北京：中国劳动社会保障出版社，2010
全国高职高专环境保护类专业规划教材
ISBN 978-7-5045-8342-0

Ⅰ.①环… Ⅱ.①吴… Ⅲ.①环境影响-评价 Ⅳ.①X820.3

中国版本图书馆 CIP 数据核字(2010)第 082454 号

中国劳动社会保障出版社出版发行
（北京市惠新东街 1 号　邮政编码：100029）
出 版 人：张梦欣
*
中国铁道出版社印刷厂印刷装订　新华书店经销
787 毫米×1092 毫米　16 开本　11.75 印张　267 千字
2010 年 6 月第 1 版　2010 年 6 月第 1 次印刷
定价：21.00 元
读者服务部电话：010-64929211
发行部电话：010-64927085
出版社网址：http：//www.class.com.cn

全国高职高专环境保护类专业规划教材编委会

刘明华　河北秦皇岛市环境监测站
姜松歧　哈尔滨市固废辐射管理中心
牛树奎　北京林业大学
谷群广　邢台职业技术学院
崔宝秋　锦州师范高等专科学校
丁邦东　扬州工业职业技术学院
展惠英　甘肃联合大学
彭　波　南京化工职业技术学院
王　政　中国环境管理干部学院
关贺群　黑龙江省伊春林业学校
梁贤军　四川化工职业技术学院
郭春明　黑龙江建筑职业技术学院
刘青龙　江西环境工程职业学院
裘建平　金华职业技术学院
雷　颉　南昌理工学院
石碧清　中国环境管理干部学院
颜廷良　江苏盐城技师学院
王中华　泰州职业技术学院
叶兴刚　十堰职业技术学院
郭有才　邢台职业技术学院
段晓莹　邢台财贸学校
焦桂枝　河南城建学院
马永刚　黑龙江生物科技职业学院
吴　琦　哈尔滨工程大学
梁　晶　黑龙江生态工程职业学院
张朝阳　长沙环保职业技术学院
丁可轩　黄河水利职业技术学院
连志东　北京市环境保护局

序 言

环境保护是伴随人类社会经济发展的永恒主题，我国党和政府一贯高度重视环境保护工作。近年来，随着我国经济建设的快速发展，社会和企业对环境保护应用型人才的需求日益扩大，这给高职高专环境保护专业建设带来了新的机遇和挑战。为了更有力地推动环境保护专业教育的发展和专业人才的培养，加强教材建设这一专业建设的重要基础工作，教育部高等学校高职高专环境保护与气象类专业教学指导委员会（以下简称“教指委”）与人力资源和社会保障部教材办公室结合各自的领域优势，共同组织编写了“全国高职高专环境保护类专业规划教材”。本套教材包括《环境监测》《水污染控制技术》《大气污染控制技术》《噪声污染控制技术》《固体废物处理与处置》《污水处理厂（站）运行管理》《环境保护概论》《环境管理》《环境生态学基础》《环境影响评价》《环境法实务》《环境工程制图与CAD》《室内环境检测》《环境保护设备及其应用》《环境专业英语》《环境工程微生物技术》《环境工程给水排水技术》17种书。

本套全国规划教材的编写力求满足高职高专环境保护类专业课程体系和课程教学的新发展，立足教学现状，力求创新，在吸收已有教材成果的基础上，将本学科的最新理论、技术和规范纳入教学内容，并与国家最新的相关政策标准、法律法规保持一致。为满足培养应用型人才目标的需要，整套教材加强了职业教育特色，避免大量理论问题的分析和讨论，强调以实际技能和职业需求带动教学任务，技能实训部分采用项目模块化编写模式，提倡工学结合，增加可操作性和工作实践性，为学生今后的职业生涯打下坚实的基础。同时，教材中每章列有学习目标、章后小结和形式多样的复习题，便于学生理清知识脉络、掌握学习重点；丰富的课外阅读材料使学习的学习增加了兴趣，拓宽视野。

在本套教材开发过程中，在教指委的组织指导下，全国20余所高等院校、科研院所近百名专家和老师积极参与了教材的编写和审订工作，在此向他们表示衷心的感谢！

我们相信，本套教材的出版必将为我国高职高专环境保护类专业的发展和教材建设作出重要的贡献。因时间和各因素制约，教材中仍有不足之处，恳请相关领域的专家学者和广大师生提出宝贵的意见。

全国高职高专环境保护类专业规划教材编委会

2009年6月

内 容 简 介

本教材根据高职高专环境类专业教材的基本要求编写而成，内容紧密结合环境影响评价技术，注重培养环境影响评价高技能人才的实际需求，突出了教材的实用性与实践性特点。

本教材共分 10 章，内容包括：绪论、环境影响评价的程序、工程分析与污染源调查、清洁生产评价、大气环境影响评价、水环境影响评价、土壤环境影响评价、噪声环境影响预测与评价、生态环境影响评价和社会经济环境影响评价。

本教材为教育部高等学校高职高专环境保护与气象类专业教学指导委员会组织编写的全国高职高专环境保护类专业规划教材之一，供环境保护高职高专相关专业师生教学使用，也可作为从事环境评价、企业环境评价操作和管理岗位技术人员的参考书。

前　言

环境影响评价是环境科学体系中一门基础性学科。

环境影响评价是从环境质量这个基本概念出发，探讨环境发展与人类社会行为之间的关系，评价人类活动对环境质量的影响，以及环境质量的变化对人类社会生存与发展的影响。环境影响评价是保护环境、实现“预防为主”方针、寻求环境与社会经济协调发展的重要手段，也是一个回顾环境变化、认知环境现状、分析环境发展趋势的过程，具有判断、预测、选择和导向的作用。环境影响评价不但已成为环境管理过程中的一项具体制度，而且还是公众参与环境保护与管理的一种有效途径。

《环境影响评价》系统介绍了环境影响评价的基础知识、基本程序、基本理论与方法等；对大气、地表水、噪声、生态、社会经济等环境要素的环境影响评价也进行了全面细致的论述。

本教材在内容与体系编排上，依据国家环境政策的要求，充分考虑了环境影响评价工作的特点，具有内容全面、体系完整、结构合理、层次分明等特点。

本教材是为适应我国高等职业教育的特点编写的，坚持“规范、必需、够用”的原则，注重理论与实践的结合，突出技能培养，在重要章节后面均附有精选的环境影响评价实际案例及习题，有利于教师的讲授和学生对知识的理解与运用。

本教材由江苏省盐城技师学院吴卫东任主编，邢台职业技术学院王怀宇任主审，江苏省盐城技师学院颜廷良和邢台职业技术学院丁淑杰任副主编。其中吴卫东编写第 1 章、第 2 章、第 8 章和第 9 章，颜廷良编写第 5 章和第 6 章，丁淑杰编写第 3 章和第 4 章，梁晶（黑龙江生态工程职业学院）编写第 7 章，顾明冬（盐城卫生职业技术学院）、于萍萍（西藏大学农牧学院资源环境学院）、颜廷良共同编写第 10 章。吴卫东负责全书的统稿工作。

由于编者水平有限，时间仓促，书中难免有疏漏和不妥之处，欢迎同行与读者批评、指正。

编　者

2010 年 3 月

目　录

1　绪论 …… (1)
1.1　环境与环境影响 …… (1)
1.1.1　环境与环境特征 …… (1)
1.1.2　环境影响及其分类 …… (3)
1.2　环境影响评价 …… (4)
1.2.1　环境影响评价概念 …… (4)
1.2.2　环境影响评价的目的、分类、意义 …… (4)
1.3　环境影响评价制度 …… (6)
1.3.1　环境影响评价制度及其发展 …… (6)
1.3.2　环境影响评价制度的法律体系 …… (7)
1.3.3　环境影响评价制度的特征 …… (8)
本章小结 …… (9)
练习题 …… (9)
2　环境影响评价的程序 …… (11)
2.1　环境影响评价的原则 …… (11)
2.1.1　环境影响评价程序的定义与分类 …… (11)
2.1.2　环境影响评价遵循的原则 …… (11)
2.2　环境影响评价的管理程序 …… (13)
2.2.1　环境影响评价分级、分类管理 …… (13)
2.2.2　环境影响评价项目的监督管理 …… (13)
2.3　环境影响评价工作程序 …… (16)
2.3.1　环境影响评价工作等级的确定 …… (17)
2.3.2　环境影响评价大纲的编写 …… (17)
2.3.3　环境影响评价报告书的编制 …… (17)
本章小结 …… (20)
练习题 …… (21)
3　工程分析与污染源调查 …… (23)
3.1　工程分析 …… (23)
3.1.1　污染型项目工程分析 …… (24)

3.1.2 生态影响型项目工程分析 …………………………………………………（31）
3.2 污染源调查与评价 …………………………………………………………（32）
3.2.1 污染源调查内容 …………………………………………………………（32）
3.2.2 污染源调查方法 …………………………………………………………（33）
3.2.3 污染源评价 ………………………………………………………………（34）
本章小结…………………………………………………………………………（36）
练习题……………………………………………………………………………（36）
阅读材料 1 国电长治热电厂（2×300 MW）新建工程环境影响评价……………（37）

4 清洁生产评价 ………………………………………………………………（45）

4.1 清洁生产概述 ……………………………………………………………（45）
4.2 清洁生产评价指标 ………………………………………………………（46）
4.2.1 有关清洁生产的国家标准 ………………………………………………（46）
4.2.2 清洁生产指标的选取原则 ………………………………………………（47）
4.2.3 清洁生产指标体系 ………………………………………………………（48）
4.3 清洁生产评价方法 ………………………………………………………（50）
4.3.1 清洁生产评价方法 ………………………………………………………（50）
4.3.2 环境影响报告书中清洁生产评价的编写要求 ……………………………（52）
本章小结…………………………………………………………………………（52）
练习题……………………………………………………………………………（53）
阅读材料 2 印染行业清洁生产评价指标体系 ……………………………………（54）

5 大气环境影响评价 ……………………………………………………………（56）

5.1 大气环境影响评价等级的确定 ……………………………………………（56）
5.1.1 大气环境影响评价等级的划分 …………………………………………（56）
5.1.2 大气环境影响评价工作范围的确定 ……………………………………（58）
5.2 大气污染源调查 …………………………………………………………（59）
5.2.1 大气污染源调查对象及评价区污染因子的筛选 …………………………（59）
5.2.2 大气污染源调查内容 ……………………………………………………（59）
5.3 大气环境质量现状调查 …………………………………………………（60）
5.3.1 大气环境质量现状监测 …………………………………………………（60）
5.3.2 大气环境质量现状评价 …………………………………………………（62）
5.4 大气环境影响预测 ………………………………………………………（63）
5.4.1 大气环境影响预测的目的与方法 ………………………………………（63）
5.4.2 大气环境影响预测模式 …………………………………………………（64）
5.4.3 烟气抬升高度计算 ………………………………………………………（66）
5.4.4 大气环境影响预测参数估算………………………………………………（69）
5.4.5 大气环境影响预测内容 …………………………………………………（71）

5.5 大气环境影响评价 …………………………………………………………………… (71)
5.5.1 大气环境影响评价的基本原则 ……………………………………………… (72)
5.5.2 大气环境影响评价的工作程序 ……………………………………………… (72)
5.6 评价区大气污染防治措施与方法 …………………………………………………… (74)
5.6.1 单项治理措施 ………………………………………………………………… (74)
5.6.2 综合防治措施 ………………………………………………………………… (74)
5.6.3 大气例行监测计划 …………………………………………………………… (74)
本章小结…………………………………………………………………………………… (74)
练习题……………………………………………………………………………………… (74)
阅读材料3 某建设项目环境空气影响预测与评价 ……………………………………… (76)

6 水环境影响评价 ……………………………………………………………………… (82)

6.1 水环境影响评价等级的确定 ……………………………………………………… (82)
6.1.1 评价等级的划分 ……………………………………………………………… (82)
6.1.2 评价标准 ……………………………………………………………………… (84)
6.1.3 评价工作程序 ………………………………………………………………… (85)
6.2 水环境现状调查 ………………………………………………………………… (87)
6.2.1 水环境现状监测 ……………………………………………………………… (87)
6.2.2 水环境现状评价方法 ………………………………………………………… (89)
6.3 水环境影响预测 ………………………………………………………………… (91)
6.3.1 预测条件的确定 ……………………………………………………………… (91)
6.3.2 预测方法的选择 ……………………………………………………………… (92)
6.3.3 污染源和水体的简化 ………………………………………………………… (92)
6.3.4 预测工作 ……………………………………………………………………… (93)
6.4 水环境影响评价 ………………………………………………………………… (94)
6.4.1 评价重点和依据的基本资料 ………………………………………………… (94)
6.4.2 判断影响重大性的方法 ……………………………………………………… (94)
6.4.3 对拟建项目选址、生产工艺和废水排放方案的评价 ………………………… (95)
6.4.4 消除和减轻负面影响的对策 ………………………………………………… (95)
6.4.5 提出评价结论 ………………………………………………………………… (96)
6.5 评价区水污染防治措施与方法 …………………………………………………… (96)
本章小结…………………………………………………………………………………… (96)
练习题……………………………………………………………………………………… (96)
阅读材料4 清河污水处理厂污水管道工程水环境影响评价 …………………………… (98)

7 土壤环境影响评价 …………………………………………………………………… (104)

7.1 土壤环境评价等级划分和工作内容 ……………………………………………… (104)
7.1.1 土壤环境评价等级划分 ……………………………………………………… (104)

7.1.2 土壤环境评价工作内容 …… (104)
7.2 土壤环境现状调查及评价 …… (106)
7.2.1 土壤环境现状监测调查 …… (106)
7.2.2 土壤环境现状评价 …… (109)
7.3 土壤环境影响预测与评价 …… (115)
7.3.1 土壤中污染物运动及其变化趋势预测 …… (115)
7.3.2 土壤退化趋势预测 …… (117)
7.3.3 土壤环境影响评价 …… (122)
本章小结 …… (123)
练习题 …… (123)
阅读材料5 某焦化厂扩建工程土壤环境影响评价分析 …… (125)

8 噪声环境影响预测与评价 …… (128)

8.1 噪声环境影响评价等级的确定 …… (128)
8.1.1 评价等级的划分和工作要求 …… (128)
8.1.2 评价工作范围 …… (129)
8.1.3 评价工作程序 …… (129)
8.2 噪声环境现状评价 …… (130)
8.2.1 噪声环境现状监测 …… (130)
8.2.2 噪声环境现状评价 …… (131)
8.3 噪声环境影响预测 …… (131)
8.3.1 预测范围和预测点布置 …… (131)
8.3.2 噪声环境影响预测模式的选用 …… (132)
8.4 噪声环境影响评价 …… (136)
8.5 评价区噪声环境防治措施与方法 …… (137)
本章小结 …… (138)
练习题 …… (138)

9 生态环境影响评价 …… (139)

9.1 生态环境影响评价概述 …… (139)
9.1.1 生态环境影响评价等级和范围 …… (139)
9.1.2 生态环境影响因素识别 …… (140)
9.2 生态环境现状评价 …… (141)
9.2.1 生态环境现状调查 …… (141)
9.2.2 生态环境现状评价 …… (142)
9.3 生态环境影响预测 …… (144)
9.4 生态环境影响评价 …… (145)
9.4.1 生态环境影响评价内容 …… (145)

9.4.2 生态环境影响评价工作程序 …………………………………………………… (145)
9.4.3 生态环境影响减缓措施与替代方案 …………………………………………… (145)
本章小结…………………………………………………………………………………… (147)
练习题……………………………………………………………………………………… (147)

10 社会经济环境影响评价…………………………………………………………………… (149)

10.1 社会经济环境影响评价概述………………………………………………………… (149)
10.1.1 社会经济环境影响评价的目的…………………………………………………… (149)
10.1.2 社会经济环境影响评价因子识别………………………………………………… (150)
10.1.3 社会经济环境影响评价分类……………………………………………………… (151)
10.1.4 社会经济环境影响评价的经济学概念…………………………………………… (151)
10.2 社会经济环境影响评价的内容与范围……………………………………………… (152)
10.2.1 社会经济环境影响评价的内容…………………………………………………… (152)
10.2.2 社会经济环境影响评价的范围…………………………………………………… (155)
10.3 社会经济环境影响评价程序………………………………………………………… (157)
10.4 社会经济环境影响评价方法………………………………………………………… (159)
10.4.1 专业判断法………………………………………………………………………… (159)
10.4.2 调查评价法………………………………………………………………………… (159)
10.4.3 费用—效益分析法………………………………………………………………… (162)
本章小结…………………………………………………………………………………… (168)
练习题……………………………………………………………………………………… (168)
阅读材料6 某经济技术开发区环境影响评价中的社会经济环境影响分析 ……… (168)

参考文献…………………………………………………………………………………… (173)

1 绪 论

本章学习目标

1. 了解环境、环境影响的概念及分类；
2. 掌握环境影响评价的概念、分类及意义；
3. 熟悉环境影响评价制度及其发展、特征，熟悉环境影响评价的法律、法规依据。

1.1 环境与环境影响

1.1.1 环境与环境特征

(1) 环境的概念

人们在一般意义上使用“环境”这一词汇时，往往是相对于某项中心事物而言的，“环境”总是作为某项中心事物的对立面而存在。即围绕某个中心事物的外部空间、条件和状态，构成了该中心事物的“环境”。因此，环境是一个相对的概念，是指与某一中心事物有关的周围事物，它因中心事物的不同而不同。在哲学中，它是一个相对于主体而言的客体；在社会学中，它是以人为主体的外部世界；在生态学中，它是以生物为主体的外部世界；在环境科学中，它是指围绕着人群的空间及其中可以直接、间接影响人类生活和发展的各种自然因素和社会因素的总称。各国对环境都有自己的规定，我国《环境保护法》规定：环境是指影响人类生存和发展的各种天然的和经过人工改造的自然因素的总体，包括大气、水、海洋、土地、矿藏、森林、草原、野生生物、自然遗迹、人文遗迹、自然保护区、风景名胜区、城市和乡村等。

(2) 环境的分类

环境按不同的原则可进行如下分类：

1）按功能分类。按功能环境可分为生活环境和生态环境。生活环境是指与人类生活密切相关的各种天然的和经人工改造过的自然因素，如空气、河流、水塘、花草、树木、城镇、乡村等。生态环境是指影响生态系统发展的各种生态因素，即环境条件是气候条件（如光、热、降水等）、土壤条件（如土壤的酸碱度、营养元素、水分等）、生物条件（如地面和土壤中的动植物和微生物等）、地理条件（如地势高低、地形起伏等）和人为条件（如开垦、栽培、采伐等情况）的综合体。可见生态环境中既包括天然的自然因素又包括经过人工改造过的自然因素。

生活环境与生态环境之间的关系非常密切，它们共同组成了人类的生存环境。在我国《宪法》中体现的环境概念是这样分类的，《宪法》第二十六条规定："国家保护和改善生活环境和生态环境，防治污染和其他公害。"

2）按要素的属性分类。按要素的属性不同可将环境分为自然环境和人工环境。自然环境是指自然因素的总体，即直接或间接影响人类生存、发展的一切自然形成的物质和能量的总和，如高山、大海、江河、湖泊、天然森林、野生动植物等。社会环境是指社会因素的总体，即人类在自然环境的基础上通过有意识的劳动而创造的人工环境，并且是随着人类社会的发展而不断丰富和演变的，如住房、工厂、桥梁、娱乐设施等人工构筑物以及经济、政治、文化等人与人之间的关系。

3）按要素的不同分类。按要素的不同可将环境分为大气环境、水环境（包括海洋环境、湖泊环境）、土壤环境、生物环境（如森林环境、草原环境）、地质环境等。

4）按范围的大小分类。按范围的大小可将环境分为居室环境、街区环境、城市环境、区域环境（如流域环境、行政区环境）、全球环境等。

（3）环境的特征

与环境影响评价密切相关的环境的基本特征可以归纳为以下三点：

1）环境的整体性（系统性）与区域性。环境的整体性指各环境要素或环境各组成部分之间，因有其相互确定的数量与空间位置，并以特定的相互作用构成了具有特定结构和功能的系统。整体性是环境的最基本特性，整体虽由部分组成，但整体的功能却不是各组成部分的功能之和，而是由各部分之间通过一定的联系方式所形成的结构以及所呈现出的状态决定的。比如，一般来说，气、水、土、生物和阳光是构成环境的五个主要部分，作为独立的环境要素，它们对人类社会的生存发展各有自己独特的作用，这些作用功能不会因时空的不同而不同。但是，由这五部分所构成的某个具体环境的特性，则会因这五部分间的结构方式、组织程度、物质能量流动的规模与途径的不同而不同，如城市环境和农村环境、水网地区的环境与干旱地区的环境、海滨地区的环境和内陆地区的环境等，就分别有不同的整体特性与功能。

环境的区域性指环境特性的区域差异，及环境因地理位置的不同或空间范围的差异形成不同的特性。区域性还反映了区域社会、经济、文化、历史等的多样性。因此，它与环境的整体性是同一环境特性在两个不同侧面上的表现。

环境的整体性与区域性使人类在不同的环境中采用了不同的生存方式和发展模式，并进而形成了不同的文化。

2）环境的变动性与稳定性。环境的变动性是指在自然的、人类社会行为的，或两者共同的作用下，环境的内部结构和外在状态始终处于不断变化之中。事实上，人类社会的发展史就是人类与自然界不断相互作用的历史，也就是环境的结构和状态不断变化的历史。

环境的稳定性是指环境系统具有一定的自我调节功能的特性，也就是说，环境结构和状态在自然和人类社会行为的作用下，所发生的变化不超过一定限度时，环境可以借助于自身的调节功能让这些变化逐渐消失，使环境结构和状态得以恢复到变化前的状态。

变动性与稳定性是共生的，变动是绝对的，稳定是相对的。前述的“限度”是决定能否稳定的条件。环境的这一特征表明，人类社会的行为会影响环境的变化，因此人类社会必须自觉地调控自己的行为，使之与环境自身的变化规律相适应、相协调，以求得环境向着更有利于人类社会生存和发展的方向变化。

3）环境的资源性与价值性。环境具有资源性（环境即资源）。人类社会的生存发展要求环境有相应的付出，环境是人类社会生存发展的必不可少的投入，为人类社会的生存发展提供必要的条件。

环境的资源性表现为物质性与非物质性两方面。其物质性（如空气、水、动植物、森林、草原、矿产资源等）是人类生存发展不可缺少的物质基础和能量基础。此外，环境资源还包括非物质性部分，如环境容量、环境状态等。

环境状态是一种资源，不同的环境状态将会为人类社会的生存发展提供不同的条件。这里所说的不同，既有所处方位上的不同，也有范围大小上的不同。同样是滨海地区，有的环境状况有利于发展港口码头，有的则有利于发展滩涂养殖；同样是内陆地区，有的环境状况有利于发展旅游，有的有利于发展重工业，有的有利于发展城市，有的则有利于发展疗养地等。总之，环境状态影响人类生存方式和发展方向的选择，并为人类社会发展提供不同的条件，环境状态体现了环境的资源性特征，是一种非物质性资源。

人类之所以如此重视环境，其根本原因在于人类越来越深刻地认识到环境是人类时刻不可离开的依托，甚至可以说，没有环境就没有人类的生存，更谈不上人类社会的发展，即环境与人类社会的生存和发展之间客观地存在着一种特定的关系。从该意义上说，环境具有不可估量的价值。

环境具有资源性，决定其具有价值性。环境的价值是由其生态价值和存在价值组成的，环境的经济价值即是环境价值的一种表现形式。

1.1.2 环境影响及其分类

（1）环境影响概念

环境影响是指人类活动（包括经济活动、政治活动和社会活动）导致的环境变化以及由此引起的对人类社会和经济的效应。

（2）环境影响的分类

环境影响主要有以下三种分类：

1）按影响的来源分类。按影响来源可将环境影响分为直接影响、间接影响、累积影响。直接影响是指由于人类活动的结果对人类社会或其他环境的直接作用、间接影响是指由直接作用诱发的其他后续结果；累积影响是指当一项活动与其他过去、现在及可以合理预见的将来的活动结合在一起时，因影响的增加而产生的对环境的影响。累积影响的实质是各单项活动影响的叠加和扩大。

2）按影响效果分类。按影响的效果可将环境影响分为有利影响和不利影响。有利影响是指对人群健康、社会经济发展或其他环境的状况有积极的促进作用的影响；不利影响是指对人群健康、社会经济发展或其他环境的状况有消极的阻碍或破坏作用的影响。

3）按影响程度分类。按影响的程度可将环境影响分为可恢复影响和不可恢复影响。可恢复影响是指人类活动造成环境某特性改变或价值丧失后可逐渐恢复到以前面貌的影响；不可恢复影响是指造成环境的某特性改变或价值丧失后不能恢复的影响。

另外，环境影响还可分为短期影响和长期影响，地方、区域影响或国家、全球影响，建设阶段影响和运行阶段影响等。

1.2 环境影响评价

1.2.1 环境影响评价概念

环境影响评价是指对拟议中的建设项目、区域开发计划和国家政策实施后可能对环境产生的影响（后果）进行的系统性识别、预测和评估，并提出减少这些影响的对策措施。环境影响评价是在长期进行环境保护活动的实践中发展起来的一种科学方法，或者说是一种技术手段，通过这种方法或者手段来预防或者减轻环境污染与生态破坏。这种方法或者手段不是固定不变的，而是随着理论研究和实践经验的发展，随着科学技术的进步，不断地改进、发展和完善的。在经济发展过程中，环境影响评价作为这样一种科学技术工具，就是用来解决和协调经济发展和环境保护二者矛盾的手段。

环境影响评价的主要内容包括：分析该项目环境影响的来源；调查该项目涉及地区的环境状况；定量、半定量或定性地预测其实施过程中各阶段的影响；在此基础上做全面评估与结论；提出减少或预防环境影响的措施；对该项目的方案选择提出建议；有条件时可提出环境经济损益分析。

理想的环境影响评价应满足下列五个条件：

(1) 基本上适用于所有对环境可能造成显著影响的项目，并能够对所有可能的显著影响进行识别和评估。

(2) 对各种替代方案（包括项目不建设或地区不开发的决定）、管理技术、减缓措施进行比较。

(3) 生成清楚的环境影响报告书（EIS），以使专家和非专家都能了解可能的影响的特征及其重要性。

(4) 包括广泛的公众参与和严格的行政审查程序。

(5) 得出及时、清晰的结论，以便为决策提供信息。

环境影响评价的主体依据各国环境影响评价制度而定。我国的环境影响评价主体可以是学术研究机构、工程、规划和环境咨询机构等，但这些主体必须获得国家或地方环境保护行政机构认可的环境影响评价资格证书。

1.2.2 环境影响评价的目的、分类、意义

(1) 环境影响评价的目的

环境影响评价的根本目的是鼓励在规划和决策中考虑环境因素，最终达到更具环境相容性的人类活动。环境影响评价可明确开发建设者的环境责任及规定应采取的行动，可为建设

项目的工程设计提出环境保护要求和建议，可为环境管理者提供对建设项目实施有效管理的科学依据。

(2) 环境影响评价的分类

环境影响评价可按不同的原则进行分类：

1) 根据时间顺序，环境影响评价可分为环境质量评价（现状）、环境影响预测与评价以及环境影响后评价。这是一个不断评价和不断完善决策的过程。

环境质量评价是指根据国家和地方制定的环境质量标准，用调查、监测和分析的方法，对区域环境质量进行定量判断，并说明其与人体健康、生态系统的相关关系。环境质量评价根据不同时间域，可分为环境质量回顾评价、环境质量现状评价和环境质量预测评价。在空间域上，分为局地环境质量评价、区域环境质量评价和全球环境质量评价等。建设项目环境质量评价主要为环境质量现状评价。

环境影响后评价是指在开发建设活动实施后，对环境的实际影响程度进行系统调查和评估，检查减少环境影响措施的落实程度和实施效果，验证环境影响评价结论的正确可靠性，判断提出的环境保护措施的有效性。对一些在评价时尚未认识到的影响进行分析研究，以达到改进环境影响的目的。

2) 根据开发建设活动的规模和种类，可分为战略环境影响评价、区域开发活动环境影响评价、建设项目环境影响评价、新产品和新技术开发的环境影响评价。

战略环境影响评价是针对政策、计划和规划等宏观活动对环境的影响进行评价的战略行为。它与其他环境影响评价，如建设项目环境影响评价、累积影响的评价和审核一样被看做一种环境评价工具，是一个国家或地区在拟定立法议案、重大方针政策、战略发展规划、计划和采取战略行动前开展的环境影响评价。它是基于政策、规划和计划水平上的决策手段中的一个战略组成，只有与政策、规划、计划的内容和方法相结合时，才使发展目标更为具体化，战略环境影响评价也才真正有效。战略环境影响评价已成为一些工业发达国家环境影响评价制度的发展趋势。目前，许多国家正在组织进行战略环境影响评价的研究，拓宽环境影响评价的范围。

区域开发活动环境影响评价是以可持续发展的观点，利用区域系统工程理论和方法，从整体上综合考虑区域内拟开展的各种开发建设活动，如城市开发、经济开发、工业基地开发、农业基地开发、流域开发、风景名胜和自然景观等旅游资源开发、森林开发、工矿区开发等，对社会—经济—环境系统可能带来的各种影响进行动态的、综合的预测和评价，了解和掌握整个区域内自然资源与环境资源的开发利用状况，预测各种开发建设活动对环境承载能力可能的消耗程度，对产生不良影响的开发活动提出改进、控制或替代方案等对策，对环境资源难以承受的开发活动提出限制要求，并在此基础上帮助制定和选择能够维持该区域及周围环境良性循环和经济可持续发展的最佳行动方案，以实现区域经济、社会、环境可持续发展目标，为区域社会经济发展总体规划和环境管理提供科学依据。

建设项目环境影响评价是对拟议中的建设项目的环境影响评价，为其合理布局和选址、确定生产类型和规模以及拟采取的环境保护措施等决策服务的。这类环境影响评价的种类最繁杂，数量最大。

新产品和新技术开发的环境影响评价是其重要组成部分。这类评价的对象是新产品和新技术在开发、生产和应用过程中的潜在影响。其特点是范围广，涉及应用该产品和技术的广大区域；时间跨度大，从“立即”到久远的未来。

上述四种类型的环境影响评价实际上才真正构成完整的环境影响评价体系。它们的任务、内容、方法各不相同，但彼此之间又存在着密切的联系。

3）根据评价要素，可分为大气环境影响评价、水环境影响评价、土壤环境影响评价、生态环境影响评价等。

（3）环境影响评价的意义

环境影响评价作为一项有效的管理工具，具有以下四种基本功能：

1）判断功能。以人的需求为尺度，对已有的客体作出价值判断。通过这一判断，可以了解客体的当前状态，并揭示客体与主体之间的满足关系是否存在以及在多大程度上存在。

2）预测功能。以人的需求为尺度，对将形成的客体作出价值判断。即在思维中构建未来的客体，并对这一客体与人的需求的关系作出判断，从而预测未来客体的价值。人们通过这种预测来确定自己的实践目标，哪些是应当争取的，哪些是应当避免的。

3）选择功能。将同样都具有价值的课题进行比较，从而确定其中哪一个是更具有价值，更值得争取的，这是对价值序列（价值程度）的判断。

4）导向功能。人类活动的理想是目的性与规律性的统一，其中目的的确立要以评价所判定的价值为基础和前提，而对价值的判断是通过对价值的认识、预测和选择这些评价形式才得以实现的。所以说人类活动目的的确立应基于评价，只有通过评价，才能确立合理的合乎规律的目的，才能对实践活动进行导向和调控。

环境影响评价是一项技术，是强化环境管理的有效手段，对确定经济发展方向和保护环境等一系列重大决策都有重要作用。主要体现在四个方面：①保证建设项目选址和布局的合理性；②指导环境保护措施的设计，强化环境管理；③为区域开发的社会经济发展提供导向；④促进相关环境科学技术的发展。

1.3 环境影响评价制度

1.3.1 环境影响评价制度及其发展

（1）环境影响评价制度概念

环境影响评价制度指国家通过法定程序，以法律或规范性文件的形式确立的对环境影响评价活动进行规范的制度。这一制度对环境影响评价的主体、对象、内容、程序等予以确定，具有强制执行力，任何单位和个人都不得违反，否则就要承担相应的责任。一旦国家（政府）把环境影响评价作为一种国家行为，作为开发建设活动和制定方针政策的重要决策依据，并通过法律规定了进行环境影响评价的程序、分类审批以及违反环境影响评价要求的法律责任时，就建立了环境影响评价制度。

（2）环境影响评价的发展

在世界环境影响评价史上，美国是第一个把环境影响评价作为一项法律制度确定下来的国家。1968 年美国国会通过的《国家环境政策法》，把环境影响评价作为联邦政府在环境管理中必须遵循的一项制度。随后一些国家陆续将环境影响评价确定为本国的一项法律制度，到目前为止世界上已有 100 多个国家和地区建立并推行了环境影响评价制度。

我国环境影响评价制度的建立也有一个历史过程，可以分为四阶段：

1）引入和确定阶段（1973—1979 年）。

1972 年，首先由一些高等院校从国外引进了“环境影响评价”这一概念，并陆续进行了环境影响评价工作的研究和探讨。

1973 年 8 月，我国召开了第一次全国环境保护会议，环境影响评价的概念开始引入我国。

1979 年 4 月，北京师范大学在江西永平铜矿开展了第一个建设项目的环境影响评价工作。

1979 年 9 月，我国《环境保护法（试行）》颁布，正式建立了环境影响评价制度。

2）规范和建设阶段（1981—1989 年）。

1981 年，《基本建设项目环境保护管理办法》分布实施，明确把环境影响评价制度纳入基本项目审批程序。

1986 年，《建设项目环境保护管理办法》颁布，对环境影响评价的具体内容作了明确规定。

1986 年，《建设项目环境影响评价证书管理办法（试行）》颁布，对评价单位提出了资质要求。

1989 年 12 月 26 日颁布《环境保护法》。

3）强化和完善阶段（20 世纪 90 年代）。

1994 年起，国家相关部门颁布了一系列的环境影响评价技术导则、环境影响报告书编制规范。

1998 年，国务院颁布了《建设项目环境保护管理条例》，作为建设项目环境管理的第一个行政法规，对环境影响评价进行了全面、详细、明确的规定。

1999 年，我国正式公布了《建设项目环境影响评价资格证书管理办法》，对评价单位的资质进行了规定。

4）提高和拓展阶段（2000 年至今）。

2002 年 10 月，《环境影响评价法》从项目影响评价扩展到规划环境影响评价，但还没有上升到政策环境影响评价高度。

2004 年 2 月，人事部、环境保护部在全国环境影响评价系统建立环境影响评价工程师职业资格制度。

1.3.2　环境影响评价制度的法律体系

我国环境影响评价的法律依据是《宪法》中的有关规定、环境基本法中规定、单项法和条例中的规定环境影响评价的主要行政法规。具体包括《宪法》《环境保护法》《海洋环境保护法》《野生动物保护法》《水污染防治法》《大气污染防治法》《环境噪声污染防治条例》《城市规划法》《环境影响评价法》等法律条例中的有关环境影响评价方面的明文规定以及《建设项目环境保护管理条例》《建设项目环境影响评价资格证书管理办法》等部门行政规章中关于环境影响评价的相关条例和规定。

1.3.3 环境影响评价制度的特征

我国的环境影响评价制度是在学习和借鉴外国经验，并在结合了我国实际情况的基础上形成发展起来的，主要有以下五个特征：

（1）具有法制性和规范性

我国的环境影响评价制度是《环境保护法》明确规定的一项法律制度，它是为了防止造成环境污染与破坏而约束人们在从事开发建设活动时必须遵照执行的工作准则，所以这项制度与其他法律制度一样具有不可违抗的强制性。

环境是人类赖以生存又属于人类共有的物质基础，如果对有环境影响和破坏的开发建设活动不加约束地任其发展，势必导致环境继续严重污染和破坏，阻碍经济发展，损害人体健康，威胁人类的生存和发展。从我国的实际国情来看，在人们的环境保护意识还普遍不强的情况下，正是由于环境影响评价制度具有法律强制性作用，这项制度才能迅速而普遍推行，从而在保证经济大幅度增长的同时，减缓了环境污染的程度。

（2）纳入到基本建设程序

建设项目环境管理程序通过法律规定纳入到基本建设程序，对项目实行统一管理，这是我国独有的管理模式。

《环境保护法》第13条规定："……建设项目的环境影响报告书必须对建设项目产生的污染和对环境的影响作出评价，规定防治措施，经项目主管部门预审，并依照规定的程序报环境保护行政主管部门批准。环境影响报告书经批准后，计划部门方可批准建设项目设计任务书。"由此可知，环境影响评价是我国开发建设活动必须履行的一个独立的法律程序。

显然这项规定把经环境保护行政主管部门审批报告书这个程序作为建设项目决策和设计的约束条件，使项目的基建程序与环境管理程序紧密地联系在一起；同时还规定了环境影响报告书必须在批准项目设计任务书之前，即项目可行性研究阶段完成之前，这样又明确了时限。

（3）评价的对象偏重于工程项目建设

我国环境影响评价制度规定建设项目必须执行环境影响评价制度，包括区域、流域开发，工业基地的发展规划，开发区的建设等，而对环境有影响的决策行为，还没有开展环境影响评价。即环境影响评价在现阶段仍局限于建设项目，还没有扩展到对环境有重大影响的人为宏观活动方面。

（4）分类、分级管理

对不同建设项目，体现了评价要求有别的特点。

按《建设项目环境保护管理条例》规定，对建设项目的环境保护实行分类管理以提高环境影响评价的有效性。依据建设项目对环境影响的程度和建设项目的性质、规模、拟建地点及环境特征、所采用的生产工艺，以及所属的行业特点等，分为三类管理：第一类是必须编报环境影响报告书的项目；第二类是填写环境影响报告表的项目；第三类是不需要进行环境影响评价的项目，可由建设单位自己直接填写环境影响登记表。对需要编报环境影响报告书的项目，又根据工程特征、项目拟建地环境特征及环境功能规划、环境保护目标等要求，把环境影响评价分为三个工作等级，一级最为详细，二级次之，三级较为简单。评价工作重点、内容、深度要求也因类级不同而异。

（5）评价资格实行审核认定制

环境影响评价具有很强的技术性、政策性、科学性、工程实用性，涉及多种学科，因此，承担评价的单位不但要具备一定的技术水平，还要有评价所需的设备和各种专业的技术人才。

原国家环境保护总局于2005年新颁发的《建设项目环境影响评价资质管理办法》明确规定，凡从事建设项目环境影响评价工作的单位，必须按照本办法的规定取得国家环境保护总局（现为国家环境保护部）颁发的《建设项目环境影响评价资质证书》，并按照评价证书规定的等级和范围，从事环境影响评价工作。评价证书分甲级、乙级两个等级，根据持证单位的专业特长和工作能力，按行业和环境要素划定业务范围。评价证书有效期为五年。

本章小结

本章主要讲述环境、环境影响的概念及分类；环境影响评价的概念、分类及意义；环境影响评价制度及其发展、特征，环境影响评价的法规依据。

练习题

1. 选择题

（1）《环境保护法》中所称环境，是指影响人类社会生存和发展的各种天然的和经过人工改造的________的总体。

A. 自然因素　　B. 社会因素　　C. 人文因素　　D. 经济因素

（2）下列属于社会环境的是________。

A. 高山、大海　　B. 天然森林　　C. 娱乐设施　　D. 野生动植物

（3）我国的环境影响评价首先是从 ________领域开始的。

A. 环境质量评价　　B. 规划环境影响　　C. 噪声环境影响　　D. 建设项目

（4）环境评价制度是由________首创的。

A. 美国　　B. 日本　　C. 德国　　D. 中国

（5）环境影响评价是指对拟议中的建设项目、区域开发计划和国家政策实施后可能对________产生的影响（后果）进行的系统性识别、预测和评估，并提出减少这些影响的对策措施。

A. 环境污染　　B. 生态恶化　　C. 环境　　D. 环境破坏

（6）环境影响评价根据________不同可分为大气环境影响评价、水环境影响评价、土壤环境影响评价、生态环境影响评价等。

A. 评价对象　　B. 评价要素　　C. 环境影响的对象　　D. 环境破坏程度

（7）国家对从事环境影响评价工作的专业技术人员实行 ________。

A. 行业准入制度　　B. 专业限制制度

C. 学历限制　　D. 职业资格制度

2. 填空题

（1）环境的影响按来源可分为________、________、________。

（2）环境影响评价的基本功能是________、________、________、________。

（3）环境资源表现为________和________两方面。

（4）环境影响的分类按影响的程度可分为________和________。

（5）环境影响评价根据开发建设活动的规模和种类可分为________、________、________和________等。

（6）凡从事建设项目环境影响评价工作的单位，必须按规定取得国家环境保护总局（现为国家环境保护部）颁发的________________，并按照评价证书规定的等级和范围，从事环境影响评价工作。

3. 判断题

（1）环境影响评价就是环境质量评价。

（2）划分环境影响评价等级的依据是评价者的主观判断。

（3）首创环境影响评价制度的国家是中国。

（4）环境影响报告书可以在批准项目设计任务书之后。

（5）环境影响评价作为一项有效的管理工具，具有判断、预测、选择与治理环境功能。

（6）环境影响评价工程师职业资格实行定期登记制度，登记有效期为五年。

4. 简答题

（1）环境是指什么？它具有哪些特征？

（2）如何理解环境的稳定性？

（3）什么是环境影响、环境影响评价？为什么要进行环境影响评价？

（4）我国环境影响评价的法律依据有哪些？

（5）什么是环境影响评价制度？我国环境影响评价制度有哪些特点？

2 环境影响评价的程序

本章学习目标

1. 了解环境影响评价的原则；
2. 熟悉环境影响评价的管理程序和工作程序；
3. 掌握环境影响评价大纲、报告书的编制。

2.1 环境影响评价的原则

2.1.1 环境影响评价程序的定义与分类

环境影响评价程序是指按一定的顺序或步骤指导完成环境影响评价工作的过程。该过程可分为管理程序和工作程序，经常用流程图来表示。用于指导环境影响评价的监督与管理的为管理程序；用于指导环境影响评价的工作内容和进程的为工作程序。

2.1.2 环境影响评价遵循的原则

环境系统具有整体性与地域差异性、变动性等多种特性。环境影响评价的根本目的是鼓励在规划和决策中考虑环境因素，最终实现更具有环境可容性和友善性的人类活动。因此，在进行环境影响评价工作时，必须遵循以下基本原则：

（1）目的性原则

区域环境有其特定的结构和功能，特定的功能要求其有特定的环境目标，因此任何形式的环境影响评价都必须有明确的目的性，并根据目的性确定环境影响评价的内容和任务。

（2）整体性原则

在环境影响评价中，应注意各种政策及项目建设对区域人类—生态系统的整体影响，在分别进行了对各环境要素的影响预测之后，应该着重分析其综合效应与公共价值及其全过程的变化影响。只有这样，才能正确、全面地估算整个区域环境可能受到的整体影响，以便对各种建议和替代方案进行比较和选择。

（3）相关性原则

在环境影响评价中，应考虑人类一生态系统中各子系统之间的联系，研究同一层次子系统间的关系及不同层次各子系统间的关系。研究各个子系统间关联的性质、联系的方式及联系的紧密程度，从而判别环境影响的传递性。环境影响的传递是个宏大的人类—生态网络系统，应根据其相关性，研究其逐层逐级传递的方式、速度及条件。

（4）主导性原则

在环境影响评价中，必须抓住各种政策或项目建设可能引起的主要环境问题。针对不同的环境评价对象，环境影响评价表现出千差万别的性质和特征。但根据协同学原理，当一个开放的系统形成有序的结构时，各子系统间会通过非线性作用，产生协同现象和相关效应，使整个系统形成具有一定功能的自组织结构。此时，可用模式对该系统进行描述，但必须首先找出支配环境影响评价主要行为的变量——序参量，然后建立序参量所满足的方程，根据“支配原则”或“伺服原理”，某些序参量的变化可以支配其他序参量的变化。

（5）等衡性原则

环境系统的各个子系统和各要素之间既相互联系又相互独立，各自表现出独特的属性。根据风险评估原则，可以应用系统论中著名的“木桶原理”（一只木桶的容量是由组成木桶壁的最短木片来决定的），即在环境影响评价中，重视整体效应和相关性的同时，还要充分注意各子系统和要素之间的协调和均衡，特别关注某些具有“阈值效应”的要素。因为此类要素如果所受的影响超过其固有的阈值或遭到毁灭，很可能会导致整个系统的衰退或瓦解。所以在环境影响评价中，环境影响的预测和综合评价不应该掩盖或忽视某些关键环境要素所受到的压力。

（6）动态性原则

各种政策、规划、项目建设的环境影响是一个不断变化的动态过程，在环境影响评价中要研究其历史过程，研究其在不同层次、不同时段、不同阶段的环境影响特征，分析和区分直接和间接影响、短期和长期影响、可逆和不可逆影响，同时注意复合因素所引起的突变性、随机性、混沌性影响及其综合叠加性和累积性特点。特别要认真分析不确定性因素引起的潜在性、特发性风险与危机。

（7）随机性原则

环境影响评价是个涉及多因素的、复杂多变的随机系统，各种政策、规划、项目建设在实施过程中可能引起各种随机事件，有些会带来严重的环境后果，为了避免严重公害事件的形成和发生，在环境影响评价中要根据具体情况，随时增加必要的研究内容，特别是环境风险评价。

（8）社会经济性原则

在可持续发展思想的指导下，环境影响评价应从环境的系统性和整体性方面对环境的价值作出评价，并以社会、经济和环境可持续发展理论为基础，对环境开发行为作出合理的判断。而且，对于环境信息的处理和表达除了要使用物理数据（如浓度和数量）之外，更主要的是应该解释和说明这些数据的社会经济含义，以此来实现环境、经济、社会三者之间的比较和权衡，使环境影响评价能够真正促进综合决策，发挥正常的功能。

（9）公众参与原则

生态环境是公共资源资产，环境质量关系着人的健康与发展，关系着人类社会持续发展与文明进步，公众有权关心生态环境。因此，环境影响评价的过程要公开、透明，公众有权了解环境影响评价的相关信息。

上述原则在环境影响评价的管理中具有普遍的指导意义。

2.2 环境影响评价的管理程序

2.2.1 环境影响评价分级、分类管理

凡新建或改扩建工程，根据原国家环境保护总局《分类管理名录》确定该项目应编制环境影响报告书、环境影响报告表还是填报环境影响登记表。

（1）编写环境影响报告书的项目

指新建或改扩建工程对环境可能造成重大的不利影响，这些影响可能是敏感的、不可逆的、综合的或以往尚未有过的。这类项目需要作全面的环境影响评价。

（2）编写环境影响报告表的项目

指新建或改扩建工程可能对环境产生有限的不利影响，这些影响是较小的或者减缓影响的补救措施很容易找到的，通过规定控制或补救措施可以减缓对环境的影响。这类项目可直接编写环境影响报告表，对其中个别环境要素或污染因子需要进一步分析的，可附单项环境影响评价专题报告。

（3）填报环境影响登记表的项目

对环境不产生不利影响或影响极小的建设项目，只填报环境影响登记表。

原国家环境保护总局根据分类原则确定评价类别，如需要进行环境影响评价，编写环境影响报告书（表）则由建设单位委托有相应评价资格证书的单位来承担。

建设项目环境影响评价分类管理，体现了管理的科学性，既保证批准建设的新项目对环境不会产生重大不利影响，又加快了项目前期工作进度，简化了手续，对经济建设起到很好的促进作用。

2.2.2 环境影响评价项目的监督管理

（1）评价单位资格考核与人员培训

承担建设项目环境影响评价工作的单位必须持有《建设项目环境影响评价证书》，按照证书中规定的范围开展环境影响评价，并对评价结论负责。对持证单位实行申报和定期考核的管理程序，对考核不合格或违反有关规定的单位执行罚款乃至中止和吊销证书的处罚。

（2）评价大纲的审查

需编制环境影响报告书的建设项目，应编制评价大纲。评价大纲是环境影响报告书的总体设计，应在开展评价工作之前编制。评价大纲由建设单位向负责审批的环境保护行政主管部门申报，并抄送行业行政主管部门。环境保护行政主管部门根据情况确定审评方式，提出

审查意见。评价单位必须将审查意见列为大纲内容。

(3) 环境影响评价的质量管理

环境影响评价项目一经确定，承担单位要根据批准的评价大纲开展工作，同时要编制其监测分析、参数测定、野外实验、室内模拟、模式验证、数据处理、仪器刻度校验等在内的质保大纲。承担单位的质量保证部门要对质保大纲进行审查，对其具体内容与执行情况进行检查，把好各环节和环境影响报告书的质量关。为获得满意的环境影响报告书，按照环境影响评价管理程序和工作程序而进行有组织、有计划的活动，是确保环境评价质量的重要措施。质量保证工作应贯穿于环境影响评价的全过程，在环境影响评价工作中，向有经验的专家咨询，多与其交换意见，是做好环境影响评价工作的重要保障。最后请专家审评报告是质量把关的重要环节。

(4) 环境影响评价报告书的审批

审批程序一律由建设单位负责提出，报行政主管部门预审，行政主管部门提出预审批意见后转报负责审批的环境保护行政主管部门审批。建设项目的性质、规模、建设等发生较大改变时，应按照规定的审批程序重新报批。

对于环境问题有争议的建设项目，其环境影响报告书（表）可提交上一级环境保护行政主管部门审批。

各级行政主管部门和环境保护行政主管部门在审批环境报告书时应贯彻下述原则：

1）审查该项目是否符合经济效益、社会效益和环境效益相统一的原则。

2）审查该项目是否符合城市环境功能区划和城市总体发展规划。

3）审查该项目的技术与装备政策是否符合国家规定。

4）审查该项目是否贯彻了“预防为主”“谁污染谁主治、谁开发谁保护、谁利用谁补偿”的原则。

5）审查该项目是否贯彻了“在污染控制上从单一浓度控制逐步过渡到总量控制”“在污染治理上，从单纯的末端治理到对生产全过程的管理”“在城市污染治理上，要把单一污染源治理与集中治理或综合整治结合起来”的原则。

环境影响报告书的审查以技术审查为基础，审查方式是专家评审会还是其他形式可由负责申批的环境保护行政主管部门根据具体情况而定。

我国基本建设程序与环境管理程序的工作关系如图 2—1 所示。

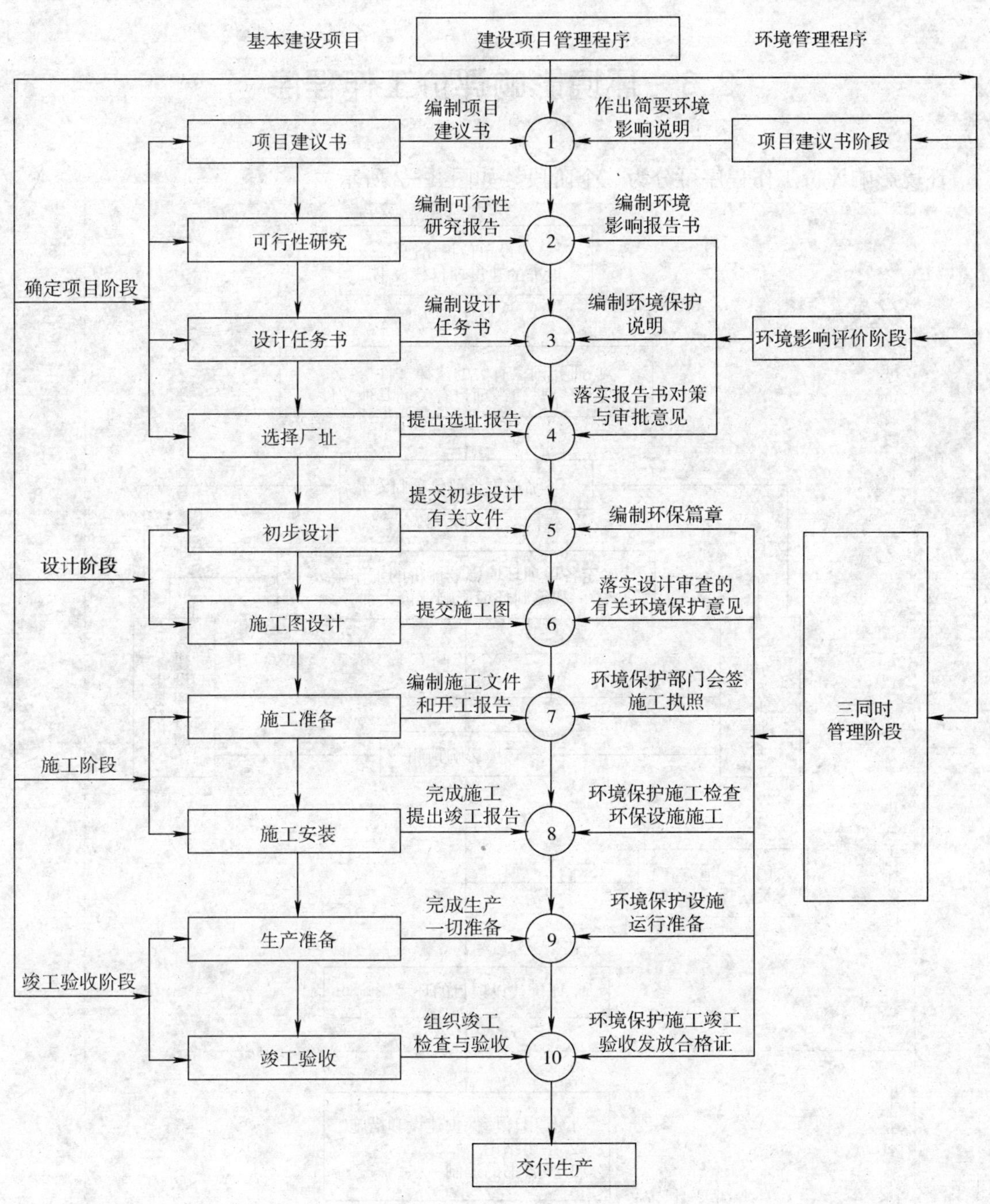

图 2—1　我国基本建设程序与环境管理程序的工作关系

2.3 环境影响评价工作程序

环境影响评价工作程序可分为三个阶段，如图 2—2 所示。

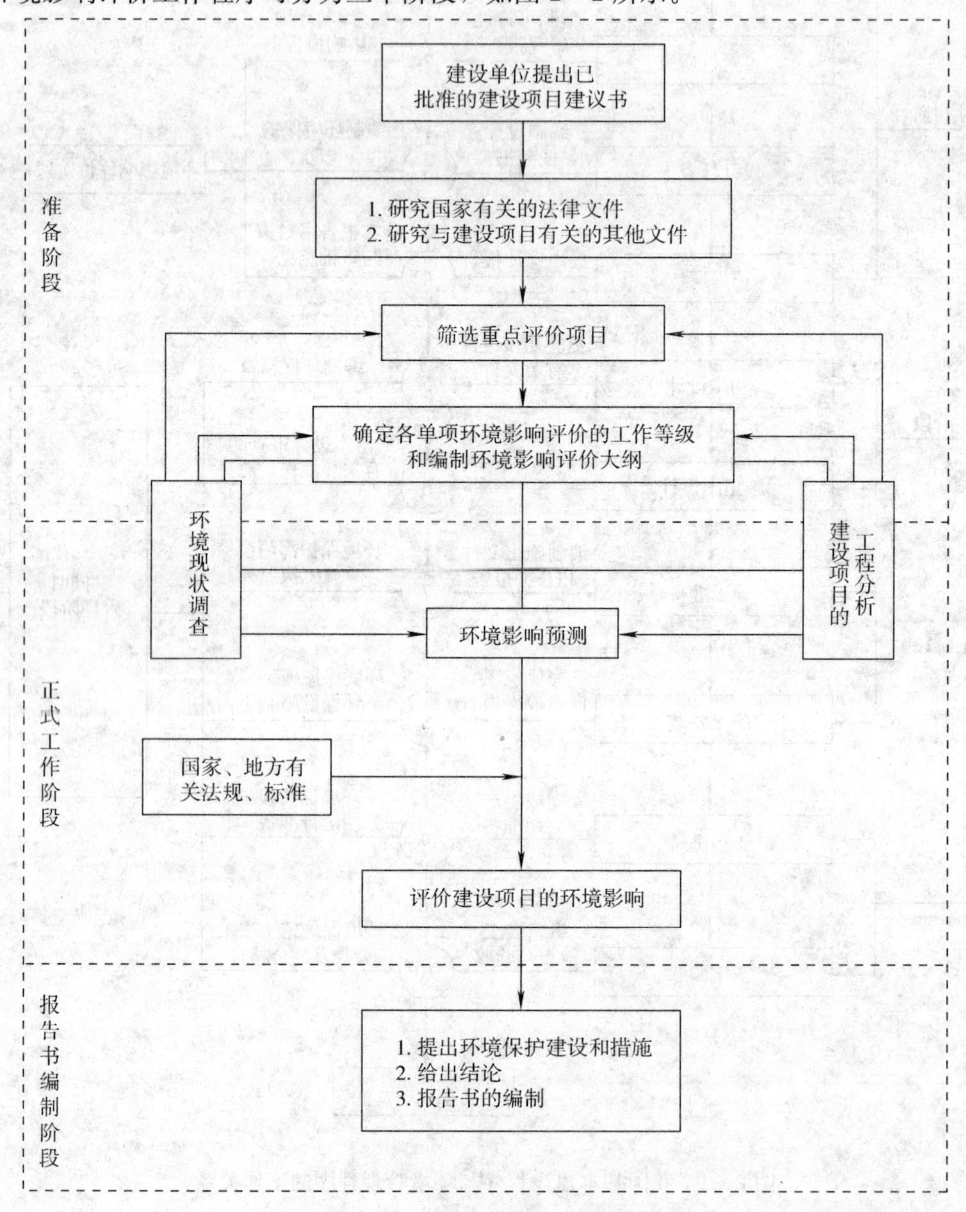

图 2—2 环境影响评价工作程序

准备阶段：主要工作为研究有关文件，进行初步的工程分析和环境现状调查，筛选重点评价项目，确定各单项环境影响评价的工作等级，编制评价工作大纲。

正式工作阶段：主要工作为进行工程分析和环境现状调查，进行环境影响预测和评价环境影响。

报告书编制阶段：主要工作为汇总、分析上阶段工作得到的各种资料和数据，得出结论，完成环境影响报告书的编制。

应该注意的是，如通过环境影响评价对所选项目地址给出否定结论时，则对新地址的评价应重新进行；如需进行多个地址的优选，则应对各地址分别进行预测和评价。

2.3.1　环境影响评价工作等级的确定

环境影响评价工作等级是指环境影响评价和各专题工作深度的划分。各单项环境影响评价划分为三个等级，一级评价最详细，二级次之，三级较简略（各单项环境影响评价工作等级划分的详细规定，可参阅相应导则）。环境影响评价工作等级的划分依据如下：

（1）建设项目的工程特点（工程性质、工程规模、能源及资源的使用量及类型、源项等）。

（2）项目所在地区的环境特征（自然环境特点、环境敏感程度、环境质量现状及社会经济状况等）。

（3）国家或地方政府所颁布的有关法规（包括环境质量标准和污染物排放标准）。

对于某一具体建设项目，在划分各评价项目的工作等级时，根据建设项目对环境的影响、所在地区的环境特征或当地对环境的特殊要求情况可作适当调整。

2.3.2　环境影响评价大纲的编写

环境影响评价大纲是环境影响评价报告书的总体设计和行动指南。评价大纲应在开展评价工作之前编制。它是具体指导环境影响评价的技术文件，也是检查报告书内容和质量的主要判据。该大纲应在充分研读有关文件、进行初步的工程分析和环境现状调查后形成。

评价大纲一般包括以下内容：

（1）总则，其中包括评价任务的由来、编制依据、控制污染与保护环境的目标、采用的评价标准、评价项目及其工作等级和重点等。

（2）建设项目概况，如为扩建项目应同时介绍现有工程概况。

（3）拟建项目地区的环境简况，附位置图。

（4）建设项目工程分析的内容与方法，根据当地环境特点、评价项目的环境影响评价工作等级与重点等因素，说明工程分析的内容、方法和重点。

（5）建设项目周围地区的环境现状调查，根据已确定的各评价项目工作等级、环境特点和影响预测的需要，尽量详细地说明调查参数、调查范围及调查的方法、时期、地点、次数等。

（6）环境影响预测与评价建设项目的环境影响，根据各评价项目的工作等级、环境特点，尽量详细地说明预测方法、预测内容、预测范围、预测时段以及有关参数的估值方法等。如进行建设项目环境影响的综合评价，应说明拟采用的评价方法。

（7）评价工作成果清单，拟提出的结论和建议的内容。

（8）评价工作的组织、计划安排。

（9）评价工作经费概算。

2.3.3　环境影响评价报告书的编制

环境影响评价报告书是环境影响评价工作成果的集中体现，是环境影响评价单位向其委托单位——工程建设单位或其行政主管单位提交的工作文件。

经环境保护行政主管部门审查批准的环境影响评价报告书，是计划部门和建设项目主管部门审批建设项目可行性研究报告或设计任务书的重要依据；是领导部门对建设项目作出重要决策主要依据的技术文件之一；是对设计单位进行环境保护设计的重要参考文件。环境影响报告书对于建设单位在工程竣工后进行环境管理有重要的指导作用，必须认真编写。

（1）编制原则

1）报告书应该全面、科学、客观、公正、概括地反映环境影响评价的全部工作，重点评价项目可另编分项报告书，主要技术问题可另编专题报告书。

2）文字应简洁、准确，图表要清晰，论点要明确。大项目可分为总报告和分报告（或附件）。

（2）环境影响评价报告书编制的基本要求

1）总体编排结构应符合《建设项目环境保护管理条例》的要求，内容全面，重点突出，实用性强。

2）基础数据可靠。

3）预测模式及参数选择合理。

4）结论观点明确、客观可信。

5）语句通顺、条理清楚、文字简练、篇幅不宜过长。

6）环境影响评价报告书中应有评价资格证书。

（3）环境影响评价报告书的编制要点

1）总论

①环境影响评价报告书的内容：说明建设项目立项始末，批准单位及文件，评价项目的委托，完成评价工作概况。

②编制环境影响评价报告书的目的：结合评价项目的特点，阐述报告书的编制目的。

③编制依据：评价委托合同或委托书；建设项目建议书的批准文件或可行性研究报告的批准文件；《建设项目环境保护管理条例》及地方环境保护部门为贯彻此办法而颁布的实施细则或规定；建设项目的可行性研究报告或设计文件；评价大纲及批准文件。

④评价标准：包括环境质量标准和排放标准，并要说明执行标准的哪一类或哪一级。

⑤评价范围：列出评价范围并简述评价范围确定的理由，给出评价范围的评价地图。

⑥控制及保护目标：应指出建设项目中是否有需要特别加以控制的污染源，是否有需要重点保护的目标。

2）建设项目概况

①建设规模：包括建设项目的名称、建设性质、地址的地理位置、产品、产量总投资、利税、资金回收年限、占地面积、土地利用情况、建设项目平面布置（附图）、职工人数、全员劳动生产率。对扩建、改建项目，应说明原有规模。

②生产工艺简介：按产品生产方案分别介绍，从原料的投入，经多少次加工，加工的性质，排放出什么污染物及数量，最终产品；应给出生产工艺流程图和重要的化学反应方程式；应说明生产工艺的先进性；对扩建、改建项目，还应对原有的生产工艺、设备及污染防治措施进行分析。

③原料、燃料及用水量：应给出原料、燃料的组成成分及百分含量；列出原料、燃料及用水量的年、月、日、时的消耗量表；最好给出物料平衡图和水量平衡图。

④污染物排放量清单：列出各污染源排放的污染物种类、数量、排放方式和排放去向；对扩建、技改项目，还应列出扩建、技改前后的污染物排放量清单。

⑤建设项目采取的环境保护措施：说明建设项目拟采用的治污方案、工艺流程、主要设备、处理效果、排放是否达标、投资及运转费等。

⑥工程影响环境因素分析：根据污染物排放情况及环境背景状况，分析污染物可能影响环境的各个方面，将其主要影响作为预测的重要内容。

3）环境现状（背景）调查

①自然环境调查：评价区的地形、地貌、地质概况；评价区的水文及水文地质情况；气象与气候；土壤及农作物；森林、草原、水产、野生动物、野生植物、矿藏资源等情况。

②社会环境调查：评价区内的行政区划、人口分布、人口密度、人口职业构成与文化构成；现有工矿企业的分布情况；文化教育概况；人群健康及地方病情况；自然保护区、风景游览区、名胜古迹、温泉、疗养区以及重要政治文化设施。

③评价区大气环境质量现状调查：应给出大气监测点的位置（附监测点布置图）及布点理由，监测项目及选择理由，监测天数，每天监测次数、时段，采样仪器、方法及分析方法等。

④地面水环境质量现状调查：给出监测断面的地理位置，每个监测断面的采样点数目及位置，监测项目及选择理由；监测天数、每天采样次数；同时测量河流水文参数（水文、流速、流量、河宽、河深）。

⑤地下水现状调查：给出地下水监测点的位置、监测项目、分析方法、采样时间及次数，指出地下水是潜水还是承压水。

⑥土壤及农作物现状调查：给出评价地区的土壤类型、分布状况及土地利用情况；给出监测点的位置、采样方法、监测项目、分析方法。

⑦环境噪声现状调查：给出环境噪声监测点的位置、监测时间、监测仪器、监测方法、气象条件、监测点处的主要噪声源。

⑧评价区内人体健康及地方病调查：给出人体健康调查的区域，调查人数、性别、年龄、职业构成、体检项目、检查方法、调查结果的数理统计，污染区与对照区的比较分析等。

⑨其他社会、经济活动污染、破坏环境现状调查。

4）污染源调查与评价

①建设项目污染源预估。

②评价区内污染源调查与评价。

5）环境影响预测与评价

①大气环境影响预测与评价。

②水环境影响预测与评价。

③噪声环境影响预测与评价。

④土壤及农作物环境影响分析。

⑤人群健康影响分析。

⑥振动及电磁波的环境影响分析。

⑦对周围地区的地质、水温、气象可能产生的影响。

6）环境保护措施的可行性分析及建议

①大气污染防治措施的可行性分析与建议。

②废水治理措施的可行性分析与建议。

③废渣处理与处置的可行性分析。

④噪声、振动等其他污染控制措施的可行性分析。

⑤绿化措施的评价及建议。

⑥环境监测制度建议。

7）环境影响经济损益简要分析

①建设项目的经济效益：建设项目的直接经济效益；利税、资金回收年限、贷款偿还期；建设项目的产品为社会其他部门带来的经济效益；环境保护投资及运转费。

②建设项目的环境效益：建设项目建成后使环境恶化；对农、林、牧、渔业造成的经济损失及污染治理费用；环境保护副产品收益，环境改善效益。

③建设项目的社会效益：建设项目的产品满足社会需要；促进生产和人民生活的提高；促进当地经济、文化的进步；增加就业机会等。

8）结论及建议

①评价区的环境质量。

②污染源评价的主要结论，确定的主要污染源及主要污染物。

③建设项目对评价区环境的影响。

④环境保护措施可行性分析的主要结论及建议。

⑤从三个效益统一的角度，综合提出建设项目的选址、规模、布局等是否可行。建议应包括各节中的主要建议。

9）附件、附图及参考文献

①附件：建设项目建议书及其批复、评价大纲及其批复。

②附图：只在图表特别多的报告书中另编附图分册。

③参考文献：作者、文献名称、出版单位、版次、出版日期等。

本章小结

本章主要讲述环境影响评价的原则，环境影响评价的管理程序和工作程序，环境影响评价大纲、报告书的编制。

练 习 题

1. 选择题

(1) 新建或扩建工程对环境可能造成重大的不利影响，需要编写________。

A. 环境影响报告书　　B. 环境影响报告表　　C. 环境影响登记表

(2) 新建或扩建工程对环境可能造成有限的不利影响，需要编写________。

A. 环境影响报告书　　B. 环境影响报告表　　C. 环境影响登记表

(3) 新建或扩建工程对环境不造成不利影响或影响极小，需要编写 ________。

A. 环境影响报告书　　B. 环境影响报告表　　C. 环境影响登记表

(4) 环境影响评价工作可划分为________。

A. 准备阶段　　B. 正式工作阶段　　C. 汇报阶段　　D. 报告书编制阶段

(5) 环境影响评价正式工作阶段，主要工作为________。

A. 工程分析　　B. 编制评价工作大纲

C. 环境现状调查　　D. 环境影响预测和环境影响评价

(6) 环境影响评价工作等级划分的依据是________。

A. 建设项目的投资　　B. 建设项目所在地区的环境特征

C. 建设项目的工程特点　　D. 国家或地方政府颁布的法律法规

2. 填空题

(1) 环境影响评价的程序是指挥 __________指导完成环境影响评价工作的过程。

(2) 环境影响评价的根本目的是____。

(3) 承担建设项目环境影响评价工作的单位，必须持有__________。

(4) 环境影响评价大纲是环境影响报告书的__________和__________。

(5) ____________________是环境影响评价工作的总体设计和行动指南。

(6) 环境影响评价的工作程序大体可分为 __________、__________、__________三个阶段。

(7) 环境影响报告书应该__________、__________、__________、__________、概括地反映环境影响评价的全部工作。

3. 判断题

(1) 环境影响评价不要考虑人类—生态系统中各子系统之间的联系。

(2) 环境影响评价应增强环境风险评价的研究。

(3) 质量保证应贯穿于环境影响评价的全过程。

(4) 划分环境影响评价工作等级的依据是投资者的主观意愿。

(5) 评价大纲应在评价工作之前编制。

(6) 环境影响报告书中应有评价资格证书。

(7) 环境影响评价报告书是环境影响评价工作成果的一般体现。

4. 简答题

（1）环境影响评价程序所遵循的原则有哪些？

（2）根据环境影响分类原则确定的评价类别有哪几种？

（3）环境影响评价的项目管理包括哪几个方面？

（4）环境影响工作评价程序包括哪几个阶段？各阶段的主要工作是什么？

（5）简述环境影响评价报告书的主要内容。

3 工程分析与污染源调查

本章学习目标

1. 了解工程分析的原则；
2. 熟悉工程分析的分类、方法、内容；
3. 熟悉污染源调查的内容、方法；
4. 掌握污染源的评价。

3.1 工程分析

工程分析和污染源调查是环境影响评价工作程序中两个十分重要的环节，只有在对二者进行翔实调查、分析的基础之上，才能对建设项目的环境影响进行透彻的分析、评价。

工程分析是环境影响评价中分析建设项目影响环境内在因素的重要环节，工程分析是环境影响评价的关键。工程分析不仅为环境影响评价提供基础资料，同时，也是对项目进行宏观控制，是项目决策的重要依据之一。工程分析给出的产污节点、污染源及源强、污染物排放方式和排放去向等技术参数是大气环境、水环境、噪声环境等影响预测计算的依据，为定量评价建设项目对环境影响的程度和范围提供了可靠的保证。工程分析还为生产工艺和环境保护设计提供优化建议，提出满足清洁生产要求的清洁生产工艺方案，实现“增产减污”或“增产不增污”的目标，使环境质量得以改善或不使环境质量恶化，起到对环境保护设计优化的作用。工程分析还可为环境的科学管理提供依据，所筛选的主要污染因子是项目生产单位和环境管理部门日常管理的对象，所提出的环境保护措施是工程验收的重要依据，为保护环境所核定的污染物排放总量是开发建设活动进行污染控制的目标。

由于建设项目对环境影响的表现不同，工程分析可以分为以污染影响为主的污染型建设项目的工程分析和以生态破坏为主的生态影响型建设项目的工程分析。

3.1.1 污染型项目工程分析

(1) 工程分析原则

1) 符合政策法规要求。在开展工程分析时，要学习和掌握有关政策法规要求，并以此为依据去剖析建设项目对环境产生影响的因素。针对建设项目在产业政策、能源政策、资源利用政策、环境保护技术政策等方面存在的问题，为项目决策提出符合环境政策法规要求的建议，这是工程分析的基本目标。特别是根据单位物耗能耗指数和排污系数作横向对比，可以判别其工艺技术与经营管理水平是否符合法律、政策、规划的要求，以法治和市场规范的原则予以有效约束。

2) 针对性强。工程特征的多样性决定了影响环境因素的复杂性。为了把握住评价工作的重点，防止无的放矢或轻重不分，工程分析应根据建设项目的性质、类型、规模、污染物种类、数量、毒性、排放方式、排放去向等工程特征，通过全面系统分析，从众多的污染因素中筛选出对环境干扰强烈、影响范围大，并有致害威胁的主要因子作为评价重点对象，针对重点解决实际问题。

3) 提供数据资料准确可信。工程分析资料是各专题评价的基础。工程分析是决定评价工作质量的关键，所以它提出的定量数据一定要可靠而有效，定性资料要力求可信，复用资料要经过精心筛选，注意时效性。

(2) 工程分析的阶段划分

建设项目实施过程可以分为不同的阶段，包括施工阶段、运行阶段和服务期满阶段。根据建设项目的不同性质和实施周期，可选择其中的不同阶段进行工程分析：

1) 所有的建设项目都应分析运行阶段所产生的环境影响，包括正常工况和非正常工况两种情况。

2) 部分建设项目的建设周期长，影响因素复杂且影响区域广，因此需进行建设期的工程分析。

3) 个别建设项目由于运行期的长期影响、累积影响或毒害影响，会造成项目所在区域的环境发生质的变化，因此需进行服务期满的工程分析，如核设施退役或矿山退役等。

(3) 工程分析方法

一般地讲，建设项目的工程分析都应根据项目规划、可行性研究和设计方案等技术资料进行工作。但是，有些建设项目，如大型资源开发、水利工程建设以及国外引进项目，在可行性研究阶段所能提供的工程技术资料有限，可能不能满足工程分析的需要，此时，可以根据具体情况选用其他适用的方法进行工程分析。目前可供选用的方法有类比法、物料衡算法（投入产出法）和资料复用法。最好是有两种以上的方法进行综合对照分析。

1) 类比法。利用与拟建项目类型相同的现有项目的设计资料或实测数据进行工程分析的常用方法。应用这种方法时，为了提高类比数据的准确性，分析对象与类比对象之间要具有高度的相似性：

①工程一般特征的相似性：所谓一般特征包括建设项目的性质、建设规模、车间组成、产品结构、工艺线路、生产方法、原料、燃料来源与成分、用水量和设备类型等。

②污染物排放特征的相似性：包括污染物排放类型、浓度、强度与数量，排放方式与去向，以及污染方式与途径等。特别是单位物耗能耗指数和排污系数，它集中反映了技术工艺

与管理水平，是评估重点。

③环境特征的相似性：包括气象条件、地貌状况、生态特点、环境功能以及区域污染情况等方面的相似性。因为在生产建设中常会遇到这种情况，即某污染物在甲地是主要污染因素，在乙地则可能是次要因素，甚至是可被忽略的因素。

类比法也常用单位产品的经验排污系数来计算污染物排放量。但是采用此法必须注意，一定要根据生产规模等工程特征和生产管理以及外部因素等实际情况进行必要的修正。

2）物料衡算法（投入产出法）。是用于计算污染物排放量的常规方法。此法的基本原则是遵守质量守恒定律，即在生产过程中投入系统的物料总量必须等于产出的产品量和物料流失量之和。

工程分析中常用的物料衡算有总物料衡算、有毒有害物料衡算和有毒有害元素物料衡算。

采用物料衡算法计算污染物排放量时，必须从总体上掌握技术路线与工艺流程的布局框架和结构特征，从物流、能流与信息流上对生产工艺、化学反应、副反应和管理等情况进行全面了解，掌握原料、辅助材料、燃料的成分和单位消耗定额及总量的动态变化。但是由于此法的计算工作量较大，所得结果难免偏差，所以在引用时应注意修正。

3）资料复用法。此法是利用同类工程已有的环境影响报告书或可行性研究报告等资料进行工程分析的方法。虽然此法较为简便，但所得数据的准确性很难保证，所以只能在评价等级较低的建设项目工程分析中使用。

（4）工程分析的工作内容

工程分析的工作内容，原则上应根据建设项目的工程特征，如建设项目的类型、性质、规模、开发建设方式、强度、能源与资源消耗量、污染物排放特征，以及项目所在地的环境条件来确定。对于环境影响以污染因素为主的大多数建设项目来说，其工作内容通常包括六个部分，详见表 3—1。

表 3—1　　工程分析基本工作内容

工程分析项目	工作内容
1. 工程概况	工程一般特征简介
	物料与能源消耗定额
	项目组成
2. 工艺流程及产污环节分析	工艺流程及污染物产生环节
3. 污染物分析	污染源分布及污染物源强核算
	物料平衡与水平衡
	无组织排放源强统计及分析
	非正常排放源强统计及分析
	污染物排放总量控制建议指标
4. 清洁生产水平分析	清洁生产水平分析（此部分内容将在第四章详细讲解）

续表

工程分析项目	工作内容
5. 环境保护措施方案分析	分析环境保护措施方案及所选工艺及设备的先进水平和可靠程度
	分析与处理工艺有关技术经济参数的合理性
	分析环境保护设施投资构成及其在总投资中占有的比例
6. 总图布置方案分析	分析厂区与周围的保护目标之间所定防护距离的安全性
	根据气象、水文等自然条件分析工厂和车间布置的合理性
	分析环境敏感点（保护目标）处置措施的可行性

1）工程概况。首先对工程一般特征进行简单介绍，工程一般特征简介包括工程名称、建设性质、建设地点、建设规模、车间组成、产品方案、辅助设施、配套工程、储运方式、占地面积、职工人数、工程总投资及发展规划等，并附总平面布置图。通过项目组成分析找出项目建设存在的主要环境问题，可参照表 3—2 列出项目组成表，为分析项目产生的环境影响和提出合适的污染防治措施奠定基础。根据工程组成和工艺，给出主要原料与辅料的名称、单位产品消耗量、年总耗量和来源，可参照表 3—3 列出表格。对于含有有毒有害物质的原料、辅料还应给出组分。

对于分期建设项目，则应按不同建设期分别说明建设规模。改扩建项目应列出现有工程，说明依托关系。

表 3—2　　建设项目组成

项目名称			建设规模
主体工程	1		
	2		
	⋮		
辅助工程	1		
	2		
	⋮		
公用工程	1		
	2		
	⋮		
环境保护工程	1		
	2		
	⋮		
办公室及生活设施	1		
	2		
	⋮		
储运工程	1		
	2		
	⋮		

表 3—3 建设项目原、辅材料消耗定额及来源

序号	名称	单位产品耗量	年耗量	来源
1				
2				
3				
⋮				

2）工艺流程及产污环节分析。一般情况下，工艺流程应在设计单位或建设单位的可研或设计文件基础上，根据工艺过程的描述及同类项目生产的实际情况进行绘制。环境影响评价工艺流程图有别于工程设计工艺流程图，环境影响评价关心的是工艺过程中产生污染物的具体部位，污染物种类和数量，所以绘制污染工艺流程应包括涉及产生污染物的装置和工艺过程，不产生污染物的过程和装置可以简化，有化学反应发生的工序要列出主要化学反应和副反应式，如在各种氯化工艺生产中可能在副反应中产生二噁英类物质。工艺流程图及产污环节描述可采用方块流程图的形式。

3）污染物源强分析与核算

①污染源分布及污染物源强核算。污染源分布、污染物类型及排放量是各专题评价的基础资料，必须按建设过程、运营过程两个时期详细核算和统计。根据项目评价需要，一些项目还应对服务期满后（退役期）影响源强进行核算，力求完善。因此，对于污染源分布，应根据已经绘制的污染流程图并按排放点标明污染物排放部位，列表逐点统计各种污染物的排放强度、浓度及数量。对于最终排入环境的污染物，确定其是否达标排放，达标排放必须以项目的最大负荷核算。例如，燃煤锅炉二氧化硫、烟尘排放量，必须要以锅炉最大产汽量时所耗的燃煤量为基础进行核算。

对于废气，可按点源、面源、线源进行核算，说明源强、排放方式和排放高度，以及存在的有关问题。废水应说明种类、成分、浓度、排放方式、排放去向。按《固体废物污染防治法》对废物进行分类，废液应说明种类、成分、溶出物浓度、是否属于危险废物、排放量、处理和处置方式和储存方法。噪声和放射性物质应列表说明源强、剂量及分布。

污染物的源强统计可参照表 3—4 进行，分别列废水、废气、固废排放表。噪声统计比较简单，可单列。

表 3—4 污染物源强

序号	污染源	污染因子	产生量	治理措施	排放量	排放方式	排放去向	达标分析

对于新建项目污染物排放量统计，须按废水和废气污染物分别统计各种污染物排放总量，固体废弃物按我国规定统计一般固体废物和危险废物，并应算清“两本账”，即生产过程中的污染物产生量和实现污染防治措施后的污染物削减量，二者之差为污染物最终排放量，见表 3—5。

统计时应以车间或工段为核算单元，对于泄漏和放散量部分，原则上要求实测，实测有困难时，可以利用年均消耗定额的数据进行物料平衡推算。

技改扩建项目污染物源强，在统计污染物排放量的过程中，应算清新老污染源“三本账”，即技改扩建前污染物排放量、技改扩建项目污染物排放量、技改扩建完成后（包括

"以新带老"削减量）污染物排放量，其相互的关系可表示为：

技改扩建前排放量－"以新带老"削减量＋技改扩建项目排放量＝技改扩建完成后排放量

可以用表 3—6 的形式列出。

表 3—5　新建项目污染物排放量统计

类别	污染物名称	产生量	治理削减量	排放量
废气				
	⋮			
废水				
	⋮			
固体废物				
	⋮			

表 3—6　技改扩建项目污染物排放量统计

类别	污染物	现有工程排放量	拟建项目排放量	"以新带老"削减量	技改工程完成后总排放量	增减量变化
废气						
	⋮					
废水	⋮					
固体废物						
	⋮					

②物料平衡和水平衡．在进行环境影响评价工程分析时，必须根据不同行业的具体特点，选择若干有代表性的物料，主要是针对有毒有害的物料，进行物料衡算。

水作为工业生产中的原料和载体，在任一用水单元内都存在着水量的平衡关系，也同样可以依据质量守恒定律，进行质量平衡计算，这就是水平衡。根据《工业用水分类及定义》（CJ 40—1999）规定，工业用水量和排水量的关系如图 3—1 所示。水平衡式如下：

$$Q+A=H+P+L$$

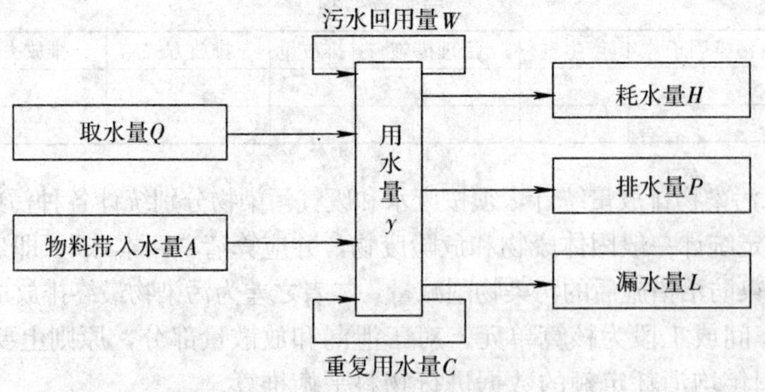

图 3—1　工业用水量和排水量的关系

取水量：工业用水的取水量是指取自地表水、地下水、自来水、海水、城市污水及其他水源的总水量。对于建设项目，工业取水量包括生产用水和生活用水，生产用水又包括间接冷却水、工艺用水和锅炉给水。

工业取水量＝间接冷却水量＋工艺用水量＋锅炉给水量＋生活用水量

重复用水量：指生产厂（建设项目）内部循环使用和循序使用的总水量。

耗水量：指整个工程项目消耗的新鲜水量总和。

③污染物排放总量控制建议指标。在核算污染物排放量的基础上，按国家对污染物排放总量控制指标的要求，提出工程污染物排放总量控制建议指标，污染物排放总量控制建议指标应包括国家规定的指标和项目的特征污染物，其单位为吨/年。提出的工程污染物排放总量控制建议指标必须满足以下要求：满足达标排放的要求；符合其他相关环境保护要求（如特殊控制的区域与河段）；技术上可行。

④无组织排放源强统计。无组织排放是对应于有组织排放而言的，主要针对废气排放，表现为生产工艺过程中产生的污染物没有进入收集和排气系统，而通过厂房天窗或直接弥散到环境中。工程分析中将没有排气筒或排气筒高度低于 15 m 的排放源定为无组织排放。其确定方法主要有以下三种：

物料衡算法：通过全厂物料的投入产出分析，核算无组织排放量。

类比法：与工艺相同、使用原料相似的同类工厂进行类比，在此基础上，核算本厂无组织排放量。

反推法：通过对同类工厂正常生产时无组织监控点进行现场监测，利用面源扩散模式反推，以此确定工厂无组织排放量。

⑤非正常排放源强统计与分析。非正常排污包括两部分：一是正常开、停车或部分设备检修时排放的污染物；二是其他非正常工况排污，是指工艺设备或环境保护设施达不到设计规定指标运行时的排污，因为这种排污不代表长期运行的排污水平，所以列入非正常排污评价中。此类异常排污分析应重点说明异常情况产生的原因、发生频率和处置措施。

4）清洁生产水平分析。关于清洁生产水平分析内容，将在第四章详细介绍。

5）环境保护措施方案分析。环境保护措施方案分析包括两个层次，首先对项目可研报告等文件提供的污染防治措施进行技术先进性、经济合理性及运行可靠性评价，若所提措施有的不能满足环境保护要求，则需提出切实可行的改进完善建议，包括替代方案。分析要点如下：

①分析建设项目可研阶段环境保护措施方案的技术经济可行性。根据建设项目产生的污染物特点，充分调查同类企业的现有环境保护处理方案的经济技术运行指标，分析建设项目可研阶段采用的环境保护设施的技术可行性、经济合理性及运行可靠性，在此基础上提出进一步改进的意见，包括替代方案。

②分析项目采用污染处理工艺，排放污染物达标的可靠性。根据现有的同类环境保护设施的运行技术经济指标，结合建设项目排放污染物的基本特点和所采用污染防治措施的合理性，分析建设项目环境保护设施运行参数是否合理，有无承受冲击负荷的能力，能否稳定运行，确保污染物排放达标的可靠性，并提出进一步改进的意见。

③分析环境保护设施投资构成及其在总投资中占有的比例。对于汇兑建设项目环境保护

设施的各项投资，要分析其投资结构，并计算环境保护投资在总投资中所占的比例。环境保护投资一览表可按表 3—7 给出，该表是指导建设项目竣工环境保护验收的重要参照依据。

表 3—7　　建设项目环境保护投资

项目		建设内容	投资
废气治理	1		
	2		
	⋮		
废水治理	1		
	2		
	⋮		
噪声治理	1		
	2		
	⋮		
固体废物处置	1		
	2		
	⋮		
厂区绿化			
其他	1		
	2		
	⋮		

对于技改扩建项目，环境保护设施投资一览表中还应包括“以新带老”的环境保护投资内容。

④依托设施的可行性分析。对于改扩建项目，原有工程的环境保护设施有相当一部分是可以利用的，如现有污水处理厂、固废填埋厂、焚烧炉等。原有环境保护设施是否能满足改扩建后的要求，需要认真核实，分析依托的可靠性。随着经济的发展，依托公用环境保护设施已经成为区域环境污染防治的重要组成部分。对于项目产生废水，经过简单处理后排入区域或城市污水处理厂进一步处理或排放的项目，除了对其所采用的污染防治技术可靠性、可行性进行分析评价外，还应对接纳排水的污水处理厂的工艺合理性进行分析，其处理工艺是否与项目排水的水质相容；对于可以进一步利用的废气，要结合所在区域的社会经济特点，分析其集中、收集、净化、利用的可行性；对于固体废物，则要根据项目所在地的环境和社会经济特点，分析其综合利用的可能性；对于危险废物，则要分析其能否得到妥善的处置。

6）总图布置方案与外环境关系分析

①分析厂区与周围的保护目标之间所定卫生防护距离和安全防护距离的保证性。参考国家有关卫生防护距离规范，分析厂区与周围的保护目标之间所定防护距离的可靠性，合理布

置建设项目的各构筑物及生产设施，给出总图布置方案与外环境关系图。图中应标明保护目标与建设项目的方位关系；保护目标与建设项目的距离；保护目标（如学校、医院、集中居住区等）的内容与性质。

②根据气象、水文等自然条件分析工厂和车间布置的合理性。在充分掌握项目建设地点的气象、水文和地质资料的条件下，认真考虑这些因素对污染物污染特性的影响，合理布置工厂和车间，尽可能减少对环境的不利影响。

③分析对周围环境敏感点处置措施的可行性。分析项目所产生的污染物的特点及其污染特征，结合现有的有关资料，确定建设项目对附近环境敏感点的影响程度，在此基础上提出切实可行的处置措施，如搬迁、防护等。

3.1.2 生态影响型项目工程分析

(1) 基本内容

生态影响型项目工程分析的内容应结合工程特点，提出工程施工期和运营期的影响和潜在影响因素，能量化的要给出量化指标。生态影响型项目工程分析应包括以下基本内容：

1) 工程概况。介绍工程的名称、建设地点、性质、规模和工程特性，并给出工程特性表。

工程的项目组成及施工布置：按工程的特点给出工程的项目组成表，并说明工程的不同时期的主要活动内容与方式。阐明工程的主要设计方案，介绍工程的施工布置，并给出施工布置图。

2) 施工规划。结合工程的建设进度，介绍工程的施工规划，对与生态环境保护有重要关系的规划建设内容和施工进度要作详细介绍。

3) 生态环境影响源分析。通过调查，对项目建设能造成生态环境影响的活动（影响源或影响因素）的强度、范围、方式进行分析，能定量的要给出定量数据。如占地类型（湿地、滩涂、耕地、林地等）与面积、植被破坏量（特别是珍稀植物的破坏量）、淹没面积、移民数量、水土流失量等，均应给出量化数据。

4) 主要污染物与源强分析。对于项目建设中的主要污染物如废水、废气、固体废物的排放量和噪声发生源源强，需给出生产废水和生活污水的排放量和主要污染物排放量；废气给出排放源点位，说明源性质（固定源、移动源、连续源、瞬时源）和主要污染物产生量；固体废物给出工程废渣和生活垃圾的产生量；噪声则要给出主要噪声源的种类和声源强度。

5) 替代方案。介绍工程选点、选线和工程设计中就不同方案所做的比选内容，说明推荐方案理由，以便从环境保护的角度分析工程选线、选址推荐方案的合理性。

(2) 生态影响型项目工程分析技术要点

生态影响型项目工程分析一般要把握如下技术要点：

1) 工程组成完全。工程组成完全即把所有的工程活动都纳入分析中，无论临时的或永久的，施工期的或运营期的，直接的或相关的，都考虑在内。一般应有完善的项目组成表，明确的占地、施工、技术标准等主要内容。

2) 重点工程明确。主要造成环境影响的工程，应作为重点的工程分析对象，明确其名称、位置、规模、建设方案、施工方案、运营方式等。一般还应将其所涉及的环境作为分析对象，因为同样的工程发生在不同的环境中，其影响作用是很不同的。

重点工程，一是工程规模比较大的，其影响范围大或时间比较长的；二是位于环境敏感区附近的，虽然规模不是很大，但造成的环境影响却不小的。

每个建设项目都有各自的重点工程，环境影响评价主要针对重点工程进行。

3）全过程分析。生态影响是一个过程，不同时期有不同的问题需要解决，因此必须作全过程分析。一般可将全过程分为选址选线期、设计方案期、建设期、运营期和运营后期。

4）污染源分析。明确主要污染源、污染物类型、源强、排放方式和纳污环境等。污染源的控制要求与纳污的环境功能密切相关，因此必须同纳污环境联系起来作分析。

5）其他分析。施工建设方式、运营方式不同，都会对环境产生不同影响，需要在工程分析时给予考虑。有些发生可能性不大，一旦发生将会产生重大影响者，则可作为风险问题考虑。

3.2 污染源调查与评价

污染源排放的污染物种类、数量、排放方式、途径及污染源的类型和位置，直接关系到其影响对象、范围和程度。污染源调查就是要了解、掌握上述情况及其他有关问题。通过污染源调查，找出建设项目所在区域内现有的主要污染源和主要污染物，确定建设项目的污染物负荷量、排污削减量，为评价提供基础数据。

3.2.1 污染源调查内容

（1）工业污染源调查

1）企业和项目概况。企业或项目名称、厂址、主管机关名称、企业性质、项目组成、规模、厂区占地面积、职工构成、固定资产、投产年代、产品、产量、产值、利润、生产水平、企业环境保护机构名称、辅助设施、配套工程、运输和储存方式等。

2）工艺调查。工艺原理、工艺流程、工艺水平、设备水平、环境保护设施等调查。

3）原辅材料、能源、水源调查。原辅材料类型、产地、成分及含量、消耗定额、总消耗量；能源构成、产地、成分、单耗、总耗；水源类型、供水方式、供水量、循环水量、循环利用率、水平衡。

4）生产布局调查。企业或项目总体布局、原料和燃料堆放场、车间、办公室、厂区、居民区、堆渣场、污染源的位置、绿化带等调查。

5）管理调查。管理体制、编制、生产制度、管理水平及经济指标，环境保护管理机构编制、环境管理水平等调查。

6）污染物治理调查。工艺改革、综合利用、管理措施、治理方法、治理工艺、投资、效果、运行费用、副产品的成本及销路、存在问题、改进措施、今后治理规划等调查。

7）污染物排放情况调查。污染物种类、成分、数量、性质，排放方式、规律、途径、排放浓度、排放量，排放口位置、类型、数量控制方法，排放去向、事故排放情况调查。

8）污染危害调查。人体健康危害调查、动植物危害调查、污染物危害造成的经济损失调查、污染物可能潜在的“三致”（即致癌、致畸、致突变）效应与环境激素效应、危害生态系统情况调查。

9）发展规划调查。生产发展方向、规模、指标、“三同时”（即污染防治设施必须与主体工程同时设计、同时施工、同时投产使用）措施、预期效果及存在问题。

（2）农业污染源调查

农业常常是环境污染的主要受害者，同时，当施用农药、化肥不合理时也产生环境污染。

1）农药使用情况的调查。农药品种，使用剂量、方式、时间、施用总量、年限，有效成分含量，稳定性等。

2）化肥使用情况的调查。使用化肥的品种、数量、时间、方式，每公顷平均施用量。

3）农业废物调查。农作物秸秆、牲畜粪便等。

4）农业机械使用情况的调查。汽车、拖拉机台数，耗油量，行驶范围和路线，其他机械的使用情况等。

5）外来物种入侵与转基因污染的风险性调查。城乡绿化、美化中引入的外来物种出现入侵危害；转基因农作物（如转基因大豆）加工生产过程中出现的逃逸现象可造成基因污染，危及本土物种资源的遗传安全。

（3）生活污染源调查

1）城市居民人口调查。总人口、总户数、流动人口、人口构成、人口分布、密度、居住环境。

2）居民供排水状况调查。用水类型、人均用水量、给水管网泄漏率、下水道设置情况、有无化粪池、单位 GDP 的用水量。

3）民用燃料调查。能源结构、各类能源消费量、燃料中平均灰分与含硫量等。

4）城市污水和垃圾的处理和处置方法调查。城市污染水总量、排水体制、是否有污水处理厂，城市垃圾总量、处置方式、处置点分布、处置场位置、采用技术、是否有二次污染。

3.2.2 污染源调查方法

（1）社会调查法

深入到工厂、企业、机关进行访问，召开各种座谈会，通过“问”“看”“查”“测”“算”五个方面收集有关资料。

（2）普查

对区域内所有的污染源进行全面调查称为普查。

（3）详查

在污染源普查的基础上，对普查中所确定的重点污染源进行深入的调查和剖析，内容如下：

（1）排放方式、排放规律

对废气要调查其排放高度；对废水要了解有无排污管道，是否做到清污分流等；要了解废渣是直接排入河道还是堆放待处理，以及堆放的方式等。此外，还要了解其排放规律（连续还是间歇，均匀还是不均匀，夜间排放还是白天排放等）。

(2) 污染物的物理、化学及生物特性

在重点调查中，根据重点污染源所排放污染物的特征，并根据其排放量和对环境的影响(或毒性)，确定需要进行评价的污染物。如果对某种污染物的特征缺乏资料时，需对其进行毒理学等方面的研究。

(3) 对主要污染物进行追踪分析

对代表重点污染源特征的主要污染物进行追踪分析，以弄清其在生产工艺中的流失原因及重点发生源。例如，某有色金属冶炼厂，其代表性污染物是 SO_2，流失的有色金属有铜、铅、铜、汞等。通过对工厂排出的含铜废水进行追踪分析后，了解到全厂含铜废水共 36 股，经逐个分析，查清含铜废水主要来自两个车间，其排放的铜量占全厂总排放量的 88.5%，而废水量仅占全厂废水量的 9.1%，这就为含铜废水的治理提供了依据。

(4) 污染物流失原因的分析

从生产管理、能耗、水耗、原材料消耗量定额来分析，根据工艺条件计算理论消耗量，调查国内、国际同类型的先进工厂的消耗量，与该重点污染源的实际消耗量进行比较，找出差距，分析原因。另外还要进行设备分析（维修情况、生产能力是否平衡等）、生产工艺分析等，查找污染物流失的原因，并计算各类原因影响的比重。

(5) 污染源建档

在普查和详查的基础上，建立污染源调查档案。污染源档案是进行环境评价、环境规划和环境管理的基础资料。优先监控的污染物，特别是持久性有机污染物（POP_S）、破坏臭氧层的物质（COD_S）以及有毒重金属等应建立特别污染账户。

3.2.3 污染源评价

(1) 污染源评价的目的

污染源评价的目的是要把标准各异、量纲不同的污染源和污染物的排放量，通过一定的数学方法变成统一的可比较值，使各种不同的污染物和污染源能够互相比较，以确定其对环境影响大小的顺序，从而得出某一区域的主要污染物和主要污染源。

(2) 污染源评价方法

一般采用等标污染负荷法（亦称等标排放量法），分别对水、气污染物进行评价。任何评价方法都可能有一定的片面性，可能掩盖某些方面，这在评价分析中应特别注意。

1) 等标污染负荷。等标污染负荷即污染物绝对排放量与评价标准的比值。

$$P_i = (C_i/C_{0i}) \times Q_i \ (i=1, 2, 3, \cdots, n) \tag{3—1}$$

式中 P_i——等标污染负荷，m^3/h；

C_i——某种污染物的实测浓度，mg/L 或 mg/m^3；

C_{0i}——某种污染物的评价标准，mg/L 或 mg/m^3；

Q_i——含某污染物的介质排放，m^3/h。

应该注意，等标污染负荷是有量纲数，它的量纲与计算介质排放量的量纲是一致的。

某工厂几种污染物质的等标污染负荷之和，即为该厂的等标污染负荷（P_n），计算公式如下：

$$P_n = \sum_{i=1}^{n} P_i = \sum_{i=1}^{n} \frac{C_i}{C_{0i}} Q_i \ (i=1, 2, 3, \cdots, n) \tag{3—2}$$

某个地区（或流域中）几个污染源等标污染负荷之和，即为该地区等标污染负荷（P_m）。

$$P_m = \sum_{n=1}^{n} P_n \ (n=1, 2, 3, \cdots, m) \tag{3—3}$$

全区域（或全流域）的等标污染负荷（P_n）的计算公式如下：

$$P_n = \sum_{n=1}^{n} P_m \ (m=1, 2, 3, \cdots, n) \tag{3—4}$$

区域中某个污染物的总等标污染负荷（$P_{i总}$）为该区域（或流域）内所有污染源中该污染物的等标污染负荷之和。

2）等标污染负荷比。为了确定污染源和污染物对环境的影响，还要引入等标污染负荷比的概念。某污染物的等标污染负荷（P_i）占该厂等标污染负荷（P_n）的百分比，称为等标污染负荷比（K_i），计算公式如下：

$$K_i = P_i / P_n \tag{3—5}$$

K_i 是一个无量纲数，可以用来确定某污染源内部各种污染物的排序。K_i 较大者，对环境污染较大；K_i 最大者，就是该污染源最主要的污染物。

某区域内各工厂污染负荷比用 K_n 表示，可以用来确定某区域内的主要污染源及其排序：

$$K_n = P_n / \sum P_n \tag{3—6}$$

某区域内某种污染物的等标污染负荷比为 K_n，用以确定某区域内的主要污染源及其排序，其等于区域内某种污染物的等标污染负荷与区域内各种污染物的等标污染负荷总和的比值。

3）主要污染物的确定。按调查区域污染物等标污染负荷（$P_{i总}$）的大小排列，分别计算百分比及累计百分比，将累计百分比大于 80%的污染物列为该区域的主要污染物。

4）主要污染源的确定。按调查区域内污染源的等标污染物负荷（P_n）的大小排列，分别计算百分比及累计百分比，将累计百分比大于 80%的污染源列为该区域内主要污染源。

例：某地区建有纺织厂、农机厂和电器厂，其污水排放量与污染物监测结果如表 3—8 所示，试确定该地区的主要污染物和主要污染源。

表 3—8　　三厂污水排放与污染物监测结果

项目＼厂名	纺织厂	农机厂	电器厂	评价标准
污水量（m^3/年）	3.45×10^4	3.21×10^4	3.20×10^4	
COD（mg/L）	428	186	76	150
SS（mg/L）	20	62	75	200
pH—OH（mg/L）	0.017	0.003	0.007	6～9
Cr^{6+}（mg/L）	0.14	0.44	0.15	0.5

根据等标污染负荷和等标污染负荷比公式计算，计算结果统计于表 3—9。

表 3—9　　三厂污水中污染物负荷

项目	纺织厂		农机厂		电器厂		P_m	K_m	污染物顺序
	P_i	K_i	P_i	K_i	P_i	K_i			
COD	168.36	0.91	59.71	0.64	24.32	0.59	252.39	0.79	1
SS	1.38	0.01	3.98	0.04	4.80	0.12	10.16	0.03	3
Ph—OH	5.87	0.03	0.90	0.01	2.24	0.05	9.07	0.03	4
Cr^{6+}	9.66	0.55	28.25	0.31	9.60	0.24	47.51	0.15	2
P_n	185.27	—	92.9	—	40.96	—	—	—	—
K_n	—	0.58	—	0.29	—	0.13	—	—	—
污染源顺序	1		2		3		—	—	—

根据表 3—9 可以确定该地区的主要污染物为 COD_{cr}，其等标污染负荷比（K_m）为79%。该地区主要污染源为纺织厂和农机厂，两厂的等标污染负荷比（K_n）分别为58%和29%。应注意纺织厂的污染物排序与该地区的污染源是不同的，说明有的情况下污染源内主要污染物与地区的主要污染物是不同的，在区域治理规划时，要重视两者之间的区别。

应该注意的是，采用等标污染负荷法处理，容易造成一些毒性大、流量小，在环境中易于积累的污染物排不到主要污染物中去，然而对这些污染物的排放控制又是必要的。所以通过计算后，还应作全面考虑和分析，最后确定出主要的污染物和污染源。

本章小结

本章主要讲述工程分析的原则，工程分析的分类方法、内容，污染源调查的内容、方法，污染源的评价。

练习题

1. 选择题

(1) 对于用工艺流程图的方式说明生产过程的建设项目，同时应在工艺流程中表明污染物的 ________。

A. 产生位置　　B. 产生量　　C. 处理方式　　D. 污染物的种类

(2) 工程分析时，当建设项目的规划、可行性研究和设计等技术文件中记载的资料、数据等能够满足工程分析的需要和精度要求时，________引用。

A. 直接　　B. 直接或间接　　C. 间接　　D. 应通过复核校对后

2. 填空题

（1）工程分析的方法主要有__________、__________和__________。

（2）工程分析的方法较为简单，但所得数据的准确性很难保证，只能在评价等级比较低的建设项目工程分析中使用，此法是__________。

（3）对于建设项目污染物排放量的统计方法应以__________为核算单元，对于泄漏和放散量部分，原则上要实测。

3. 判断题

（1）所有的建设项目均应分析建设过程所产生的环境影响。

（2）在建设项目工程分析的方法中，物料衡算法要求时间长，需投入的工作量大，所得结果较准确。

4. 简答题

（1）污染源调查和评价的目的是什么？

（2）污染源调查的方法有哪几种？

（3）简述建设项目工程分析的阶段划分。

（4）简述生态影响型项目工程分析的技术要点。

阅读材料 1

国电长治热电厂（2×300 MW）新建工程环境影响评价

一、概述

国电长治热电厂（2×300 MW）新建工程拟建地位于山西省长治高郊区堠北庄镇，距长治市区约 7 km。该工程建设 2×300 MW 亚临界供热机组，采用石灰石—石膏湿法脱硫、布袋除尘器除尘，采用直接空冷机组，利用城市中水作为工业水源，是《长治市城市供热专项规划（2005—2020）》的热源点之一。

二、工程分析

1. 工程名称、规模及基本组成

本期工程项目基本情况见表 3—10。

表 3—10　　项目的基本组成

项目名称		国电长治热电厂（2×300 MW）新建工程	
建设单位		中国国电集团公司	
规模	项目	单机容量及台数	总容量
	本期	2×300 MW	600 MW
主体工程	锅炉	2 台 1 065 t/h 亚临界自然循环汽包机	
	汽轮机	2 台 300 MW 亚临界供热凝汽式汽轮机	
	发电机	2 台三相两极同步发电机	

续表

项目名称		国电长治热电厂（2×300 MW）新建工程
建设单位		中国国电集团公司
辅助工程	供水水源及供水工程	长治市污水处理厂处理后的中水作为热电厂的主供水源（供水管线长约8 km），备用水源为鲍家河水库（供水管线长约25 km）
	燃料储运系统	本工程燃用当地的原煤和中煤，采用公路运输方案。煤场为门式滚轮堆取料机煤场，煤场四周设置挡风抑尘墙
	除灰系统	厂内灰、渣分除，气力除灰，机械式除渣；厂外灰渣采用专用密封车运至综合利用用户或运到干灰场储存
	灰场	拟选小岭沟灰场，属山谷灰场，为事故灰场。采取干灰碾压的储灰方式
	接入系统	电厂出线电压为220 kV，采用发电机变压器组单元接线方式，厂外输电线路由地方电网公司建设。本评价不包含输电线路的评价
	厂外公路	新修运煤道路（1.9 km）、进厂道路（0.9 km）及运灰道路（2 km）
配套工程	供热工程	配套的供热工程供热负荷为587.4 MW，供热面积为9.79×10^6 m²。本评价包含配套供热工程的环境评价

2. 厂址地理位置

推荐的扬暴厂址位于山西省长治市郊区堠北庄镇扬暴村北面的浊漳河南源一级阶地，厂址东距市区约7 km，东距长太（长治—太原）高速公路160～250 m，南距扬暴村170 m，北距店上村约1 100 m，西、北两侧紧邻岚水河。厂址地势南高北低，自然地面标高906.7～908.4 m，东西平均坡度约0.7‰，南北平均坡度约2.6‰，地形平坦开阔。

备选的南津良厂址位于扬暴村以南、南津良村以北的浊漳河南源一级阶地，距城区约8 km。厂址北距扬暴村约270 m，南距南津良村约400 m，西距北津良村约200 m，东距长太高速公路约700 m。厂址地势西高东低，自然地面标高907.5～910.5 m，东西向平均坡度约7‰，南北向平均坡度约1.5‰，地形平坦开阔。

拟选周转灰场为小岭沟灰场，位于长治县贾掌乡曹家堰村，距扬暴厂址东南约13 km。占地面积约7.8 hm^2，储灰库容为3.18×10^6 m^3，可满足本期工程9个月的储灰需要。

厂址所在区域不属于国家规定的“两控区”。厂址地理位置如图所示（略）。

3. 占地概要

本期工程占地概要见表3—11。

表3—11　工程占地概要

名称	单位	数量
厂区占地面积	hm²	25.20
单位容量占地面积	m²/kW	0.42
厂区内厂地利用面积	m²	165 310
利用系数	%	65.60
厂区道路及广场占地面积	m²	37 800

续表

名称	单位	数量
厂区内建构筑物用地面积	m^2	92 230
建筑系数	%	36.60
厂区围墙长度	m	2 140
绿化面积	m^2	50 400
绿化系数	%	20
小岭沟灰场占地面积	hm^2	7.80

4. 设备概况及工艺流程

(1) 主要发电设备及环境保护设施

该工程主要发电设备及环境保护设施见表3—12。

表3—12　本工程主要设备及环境保护设施概况

项目			单位	1#	2#
出力及开始运行时间		出力	MW	300	300
		时间	—	2008年12月	2009年5月
锅炉		种类	—	亚临界自然循环汽包炉	
		蒸发量	t/h	1 065	1 065
汽轮机		种类	—	亚临界供热凝汽式汽轮机	
		出力	MW	300	300
发电机		种类	—	三相两极同步发电机	
		容量	—	300	300
烟气治理设备	脱硫装置	种类	—	石灰石—石膏湿法（不设置GGH）	
		设计效率	%	90	
	除尘装置	种类	—	高效袋式除尘器	
		设计效率	%	99.9	
	烟囱	型式	—	两炉共用一座钢筋混凝土烟囱	
		高度	m	240	
		出口内径	m	7.5	
	NO_x 控制措施	方式	—	低氮燃烧器、控制炉膛温度及燃烧系统的过氧量	
		效果	—	NO_2 排放浓度＜650 mg/m^3	

续表

项目			单位	1#	2#
冷却水方式			—	直接空冷	
排水处理方式	生活污水	—	—	新建污水处理装置	
		处理量	t/h	4	
	含煤尘废水	—	—	煤水澄清池沉淀	
		处理量	t/h	12	
	其他工业废水	—	—	分散处理后回用	
		处理量	t/h	27	
固体废物处理方式	灰渣	处理方式	—	气力干除灰，机械除渣，灰渣全部综合利用	
		处理量	万 t/年	35.14	
	脱硫石膏	处理方式	—	二级脱水处理	
		处理量	万 t/年	3.44	
固体废物综合利用途径	灰渣	利用途径	—	用于生产建筑材料	
		用量	万 t/年	35.14	
	脱硫石膏	利用途径	—	用做生产水泥的原料	
		用量	万 t/年	3.44	

注：表中某些具体数据要根据实际情况给出。

（2）生产工艺流程示意图略

（3）厂区总平面布置图略

5. 燃料

（1）燃料来源及运输方式

该工程燃煤由当地长治县雄山煤炭公司五矿、经坊煤矿、长子县西南呈煤矿以及长治市南寨煤矿和小常煤矿供给。燃料采用公路运输方式，运距 5～26 km，热电厂不自备运煤汽车，由社会车辆承运。

（2）煤质及耗煤量

设计煤种为原煤，由长治县雄山煤炭公司五矿、经坊煤矿、长子县西南呈煤矿三个矿的原煤按供煤比例混合而成的混煤，校核煤种为 70％的设计煤种掺烧 30％的洗中煤。设计煤种和校核煤种的工业分析和元素分析结果见表 3—13，电厂耗煤量见表 3—14。

表 3—13　　燃料工业分析和元素分析

项目		符号	单位	设计煤种	校核煤种
工业分析	全水分	M_t	%	7.00	9.00
	应用基灰分	A_{ar}	%	22.41	26.03
	干燥无灰基挥发分	V_{daf}	%	14.51	14.13
	低位发热量	$Q_{net.ar}$	kJ/kg	23 865	21 771

续表

项目		符号	单位	设计煤种	校核煤种
元素分析	应用基碳分	C_{ar}	%	62.93	57.50
	应用基氢分	H_{ar}	%	3.36	3.13
	应用基氧分	O_{ar}	%	2.80	2.49
	应用基氮分	N_{ar}	%	1.08	1.41
	应用基硫分	$S_{t,ar}$	%	0.42	0.44

注：表中某些具体数据要根据实际情况给出。

表 3—14 本工程燃料耗量

项目	单位	设计煤种	校核煤种	备注
小时耗煤量	t/h	252.5	276.78	日运行 20 h，年运行 6 000 h
日耗煤量	t/d	5 050.0	5 535.6	
年耗煤量	万 t/年	151.5	166.1	

注：表中某些具体数据要根据实际情况给出。

（3）厂内储存方式

厂内采用露天煤场储煤。

6. 水源

（1）冷却方式、用水种类及耗水量

工程汽机排汽冷却采用直接冷系统，辅机循环冷却采用二次循环供水系统，拟采用机力通风冷却塔。电厂工业用水采用长治市污水处理厂中水作为主供水源，年平均需水量 $3.138\ 8\times10^{6}$ m^{3}。长治市污水处理厂位于长治市太焦铁路西侧，东北距扬暴厂址约 5 km，建设规模为 10^{5} m^{3}/d，于 2004 年 9 月投入运行，目前运行正常，中水处理系统拟建于污水处理厂内，采用石灰混凝沉淀工艺（处理规模 360 m^{3}/h，由电厂投资建设），供水管线长度 8 km，直埋方式铺设；电厂工业用水备用水源为鲍家河水库，西距厂址约 21 km，总库容约 1.270×10^{7} m^{3}，目前主要功能为防洪、灌溉和养殖等；电厂生活用水由城市自来水公司负责提供。建设单位已与长治市供水总公司签订了城市中水和市政自来水供水协议，山西省水利厅以“晋水资［2006］54 号”文批复同意工程取水方案。

（2）水平衡

该工程分别考虑了灰渣全部综合利用和灰渣不能综合利用情况下的夏季、冬季的水量平衡，图略。

7. 主要技术经济指标

本期工程主要经济技术指标见表 3—15。

表 3—15　　本工程主要技术经济指标

序号	指标名称	单位	指标值	备注
1	年发电量	GW·h/年	3 555	
2	年供电量	GW·h/年	3 263	
3	采暖期发电量	GW·h/年	1 296	
4	采暖期供电量	GW·h/年	1 190	
5	年供热量	GJ/年	5 130 000	
6	年利用小时	h/年	6 000	
7	厂用电率	%	8.2	
8	本期机组总热效率	%	46.69	
9	采暖期热电比	%	109	
10	发电标煤耗率	g/（kW·h）	286	
11	供热标煤耗率	kg/GJ	40.0	
12	总投资	万元	323 378	5 390 元/kW
其中：发电工程静态投资		万元	304 191	5 070 元/kW
铺底流动资金		万元	1 160	
13	全投资回收期	年	11.54	
14	全投资内部收益率	%	7.99	
15	全投资净现值	万元	10 201	
16	投资利润率	%	4.28	
17	投资利税率	%	6.92	
18	定员	人	313	

8. 工程环境保护概况

(1) 大气污染物

本期工程排烟状况见表 3—16。

(2) 废水

工程产生的废水主要有辅机循环冷却排污水、化学水处理系统排水、输煤系统冲洗水、含油废水、脱硫废水、锅炉排污水和生活污水，电厂拟对产生的生产废水和生活污水进行处理，处理后串用或复用，正常工况下可以做到废水不外排。

表 3—16　　本期工程排烟状况

项　目		符号	单位	数值	
				设计煤种	校核煤种
烟囱	烟囱形式	两台锅炉合用一座钢筋混凝土单筒烟囱			
	几何高度	H_s	m	240	
	出口内径	D	m	7.5	

续表

项目			符号	单位	数值	
					设计煤种	校核煤种
烟气排放状况		湿烟气量	V_W	m^3/s	731.29	752.39
		干烟气量	V_g	m^3/s	617.82	620.79
		过剩空气系数	a		1.4	1.4
		烟囱出口烟气温度	T	℃	40	40
大气污染物排放状况	SO_2	排放浓度	C_{SO_2}	mg/m^3	96.11	96.11
		排放量	m_{SO_2}	t/h	0.214	0.214
				t/年	1 284	1 284
	烟尘	排放浓度	$C_{烟尘}$	mg/m^3	15.22	15.22
		排放量	m_{SO_2}	t/h	0.034	0.034
				t/年	204	204
	NO_x	排放浓度	C_{NO_x}	mg/m^3	650	650
		排放量	m_{NO_x}	t/h	1.453	1.453
				t/年	8 674	8 717

(3) 噪声

拟建项目主要噪声源噪声水平见表3—17。

表3—17　拟建项目主要噪声源噪声水平

噪声源	声压级/dB(A)	噪声源	声压级/dB(A)
安全阀排气	130	给水泵	95
送风机	90	空压机	95
引风机	85	碎煤机	95
汽轮机	90	空冷风机	80(空冷平台边缘1 m处)
发电机	90	辅机机力塔	85
磨煤机	95	脱硫增压风机	90
湿式球磨机	90	石灰石浆液循环泵	95

(4) 固废

工程排放的固体物主要是锅炉灰渣和脱硫石膏，其排放情况见表3—18。

表3—18　固体废物排放

名　称		固体废物排放量	
		t/h	万t/年
灰渣	粉煤灰	52.69	31.61
	渣	5.87	3.52
	小计	58.56	35.14

续表

名　称	固体废物排放量	
	t/h	万 t/年
脱硫石膏	5.74	3.44
合计	64.30	38.58

9. 热网工程概况

该项目将配套的热网工程一并纳入评价内容。热网工程建设由中国国电集团公司以及长治市政府联合成立的“长治市热电联产城市集中供热工程指挥部”负责。本工程供热面积 9.79×10^4 m^2，共分为 34 个供热区，包括 62 个换热站。供热系统采用一级换热闭式循环、间接供热方式，以热水为供热介质，供热管网全长 74.11 km，主管网从电厂首站引出，向东穿过长太高速公路，经浊漳河南源过太焦铁路进入城区，再沿城区解放路由西向东铺设主干管。

4 清洁生产评价

本章学习目标

1. 了解清洁生产的概念;
2. 熟悉清洁生产评价指标;
3. 掌握清洁生产评价方法。

4.1 清洁生产概述

清洁生产是以综合预防污染为目的的环境战略,是实现可持续发展的重要手段。这一概念是 20 世纪 70 年代末由联合国环境规划署提出的。清洁生产,是相对于传统的污染物末端处理而言的,关于它的定义,目前国际上并无统一说法。联合国环境规划署在 1989 年将其定义为:"将综合预防的环境保护策略持续地应用于生产过程和产品中,以期减少对人类和环境的风险。"1994 年《中国 21 世纪议程》将其定义为:"既可满足人们的需要又可合理使用的自然资源和能源,并保护环境的实用生产方法和措施,其实质是一种物料和能耗最小的人类生产活动的规划和管理,将废物减量化、资源化和无害化,或消灭于生产过程之中。"虽然二者对这一概念的表述有所不同,但都包含了两个全过程控制:生产全过程控制和产品整个生命周期全过程控制;都强调在产品和生产全过程及其相关服务中的各个环节、各个方面寻求节能、降耗、减污、增效,以提高效率和降低对人类和环境的危害,实现经济、社会和环境效益的共赢。清洁生产涉及的内容极为广泛,包括清洁的能源、清洁的生产过程、清洁的产品和服务等,而推行清洁生产要在宏观上对生产的全过程加以调控,在微观上实现对物料转化的全过程控制。

1994 年后我国先后颁布或修改的《大气污染防治法》《水污染防治法》《固体废物污染防治法》《节约能源法》及《建设项目环境保护管理条例》等法律、法规中都增加了有关清洁生产的法律规定。1999 年 11 月,我国第一部清洁生产地方性法规——《太原市清洁生产条例》正式颁布，为我国清洁生产立法在全国范围内的确立和推广提供了良好范例。而2003年1月1日起施行的《清洁生产促进法》是我国第一部关于清洁生产的专门性法律。它的施行对缓解经济的迅速发展给生态环境造成的巨大压力，降低生产和消费活动对环境的破坏，提高我国企业的国际竞争力等方面具有极其深远的意义。在《清洁生产促进法》的基础上，2005年我国颁布了《可再生能源法》，2007年10月修订通过《节约能源法》（已于2008年4月1日起施行），这为我国循环经济立法注入了新的活力。另外，近年来颁布或修订的有关环境保护的法律，都明确提出要推行清洁生产，为实施污染预防战略和开展清洁生产提供了一定的法律依据。至此，清洁生产已开始成为我国环境保护法的一项新的基本制度。目前，我国的清洁生产已开始走上了初步发展之路，并取得了一定的经济效益和环境效益。清洁生产法的施行，对形成科技含量高、经济效益好、环境污染少的新型工业格局，推动工业化、现代化进程起到了巨大作用。

《中华人民共和国清洁生产促进法》由中华人民共和国第九届全国人民代表大会常务委员会第二十八次会议于2002年6月29日通过，自2003年1月1日起施行。《清洁生产促进法》将清洁生产定义为："本法所指清洁生产，是指不断采取改进设计、使用清洁的能源和原料、采用先进的工艺技术与设备、改善管理、综合利用等措施，从源头削减污染，提高资源利用效率，减少或者避免生产、服务和产品使用过程中污染物的产生和排放，以减轻或者消除对人类健康和环境的危害。"

清洁生产分析是建设项目环境影响评价的主要内容之一。1997年4月17日原国家环境保护局以"环控［1997］0232号"文发布了《关于推行清洁生产的若干意见》，其中规定："建设项目的环境影响评价应包含清洁生产有关内容。项目建议书阶段，要对工艺和产品是否符合清洁生产要求提出初评；项目可行性研究阶段要重点对原料选用、生产工艺和技术、产品等方案进行详评，最大限度地减少技术和产品的环境风险。对于使用限期淘汰的落后工艺和设备，不符合清洁生产要求的建设项目，环境保护行政主管部门不得批准其建设项目环境影响报告书。"《清洁生产促进法》第三章第十八条还规定："新建、改建和扩建项目应当进行环境影响评价，对原料使用、资源消耗、资源综合利用以及污染物产生与处置等进行分析论证，优先采用资源利用率高以及污染物产生量少的清洁生产技术、工艺和设备。"《建设项目环境保护管理条例》规定："工业建设项目应当采用能耗物耗小、污染物产生量少的清洁生产工艺，合理利用自然资源，防止环境污染和生态破坏。"

4.2 清洁生产评价指标

4.2.1 有关清洁生产的国家标准

为贯彻落实《清洁生产促进法》和《国务院办公厅转发发展改革委等部门关于加快推行清洁生产意见的通知》（国办发［2003］100号）精神，推动清洁生产工作，指导行业清洁生产评价指标体系的编制，经由国家发展和改革委资环司提出组织编制，2006年由国家质量技术监督检验检疫总局和国家标准委联合发布了《工业清洁生产评价指标体系编制通则》（GB/T 20106—2006），从2006年8月1日起正式实施。

该标准是第一个有关清洁生产方面的国家标准，对清洁生产评价指标体系的术语和定义、编制原则、指标体系结构和考核评分计算方法等作了规范。本标准的发布将指导和规范清洁生产评价指标体系的制定和修订工作，规范行业清洁生产评价指标体系的建立。

该标准具有以下作用：

（1）指导和规范工业清洁生产评价指标体系制修订工作

标准给出了清洁生产评价指标体系的术语和定义、编制原则、指标体系结构和考核评分计算方法。本标准的制定将指导和规范工业清洁生产评价指标体系的制定和修订工作，将有利于规范行业清洁生产评价指标体系的建立，术语、编制原则、考核评分计算方法等的统一。

（2）其他作用

1）为开展创建清洁生产先进企业自愿行动提供评价依据，贯彻落实《清洁生产促进法》和《国务院办公厅转发发展改革委等部门关于加快推行清洁生产意见的通知》（国办发［2003］100号）精神，全面推进清洁生产工作，国家发展改革委、环境保护部决定开展创建清洁生产先进企业自愿行动。清洁生产评价指标体系的建立，可以为此行动提供评价依据，以及统一的评价平台。

2）为企业清洁生产审核提供有效手段。国家发展和改革委员会、原国家环境保护总局2004年第16号令《清洁生产审核暂行办法》已于2004年10月1日起正式实施。清洁生产评价指标体系及其指标可以用于清洁生产的审核过程，如方案的产生和筛选等，同时有利于对企业清洁生产工作进行科学总结、定量考核。

4.2.2 清洁生产指标的选取原则

（1）从产品生命周期全过程考虑

制定清洁生产指标是依据生命周期分析理论，围绕产品生命周期展开清洁生产分析。

生命周期分析方法是清洁生产指标选取的一个最重要原则，它是从一个产品的整个寿命周期全过程地考察其对环境的影响，如从原材料的采掘，到产品的生产过程，再到产品的销售，直至产品报废后的处理、处置。

（2）体现污染预防为主的原则

清洁生产指标必须体现预防为主的原则，要求完全不考虑末端治理，因此污染物产生指标是指污染物离开生产线时的数量和浓度，而不是经过处理后的数量和浓度。清洁生产指标主要反映出建设项目实施过程中所使用的资源量及产生的废物量，包括使用能源、水或其他资源的情况，对这些指标的评价能够反映出建设项目通过节约和更有效的资源利用来达到保护自然资源的目的。

（3）容易量化

清洁生产指标要力求定量化，对于难于量化的指标也应给出文字说明。为了使所确定的清洁生产指标既能够反映建设项目的主要情况，又简便易行，在设计时要充分考虑到指标体系的可操作性，因此应尽量选择容易量化的指标，这样，可以给清洁生产指标的评价提供有力的依据。

（4）满足政策法规要求和符合行业发展趋势

清洁生产指标应符合产业政策和行业发展趋势的要求，并应根据行业特点，考虑各种产品和生产过程的选取指标。

4.2.3 清洁生产指标体系

清洁生产指标体系是由一系列相互联系、相互独立、相互补充的清洁生产指标所构成的有机整体。清洁生产指标体系的建设包括两个方面的内容，一方面是针对具体某个行业的特定的指标；另一方面是适用于不同行业的综合性指标。其中，适用于不同行业的综合性指标通常由较高层次的机构建立，如某些国际组织，或国家指定的机构。综合性指标的确立对各行业开展清洁生产工作具有指导意义。国际经济与合作组织（OECD）在建设环境指标体系时，将其分为核心指标和其他部门指标等。在建设环境核心指标时，将有关的环境指标分成压力、状态和反应三个方面，分别建立了环境压力指标、环境条件指标和社会响应指标。这些指标反映了环境问题的不同方面，对我们建设清洁生产指标体系具有借鉴意义。

在原国家环境保护总局颁布的几项清洁生产的行业标准中（如石油炼制业、炼焦行业、制革行业），将清洁生产的技术指标分为生产工艺与装备要求、资源能源利用指标、污染物产生指标、废物回收利用指标、环境管理要求等几类。

国内一些研究将清洁生产评价指标体系分为四项指标，即资源指标（如物耗系数）、污染物产生指标（如废水产生系数）、环境经济效益指标（如环境保护投资偿还期）和产品清洁指标（如清洁产品系数）。这些指标也反映了清洁生产中的技术、经济、管理和环境各方面的状态。

清洁生产评价指标体系包括定量评价指标和定性评价指标。选择的评价指标应代表行业清洁生产特点，内容具体、可操作性强，尽量避免选择需要额外检测的指标，以免增加企业负担。在我国环境保护部颁布的行业标准中明确了工业评价指标体系一般包括两级，即一级评价指标和二级评价指标，行业也可根据自身特点确定多级指标。清洁生产评价指标体系的结构框架如图 4—1 所示。 级评价指标是指标体系中的普适性、概括性的指标。由于清洁生产涵盖了原材料与能源、生产过程和产品这三大方面，因此，在选择一级评价指标时，也应从这三方面入手，划分为生产技术特征指标、资源与能源消耗指标、产品特征指标、污染物产生指标、资源综合利用指标（废物回收利用指标）、环境管理与劳动安全卫生指标六大类。

（1）生产技术特征指标

选用清洁工艺、淘汰落后有毒有害原辅材料和落后的设备，是推行清洁生产的前提，因此在清洁生产分析专题中，首先要对工艺技术来源和技术特点进行分析，说明其在同类技术中所占的地位以及选用设备的先进性。对于一般性建设项目，生产工艺与装备选取直接影响到该项目投入生产后，资源能源的利用效率和废弃物的产生。这项指标可从装置规模、工艺技术、设备等方面体现出来，分析其在节能、减污、降耗等方面达到的清洁生产水平。

（2）资源与能源消耗指标

从清洁生产的角度看，资源、能源指标的高低也反映了一个建设项目的生产过程在宏观上对生态系统的影响程度，因为在同等条件下，资源能源消耗量越高，则对环境的影响越大。

（3）产品特征指标

对产品的要求是清洁生产的一项重要内容，因为产品的清洁性、销售、使用过程以及报

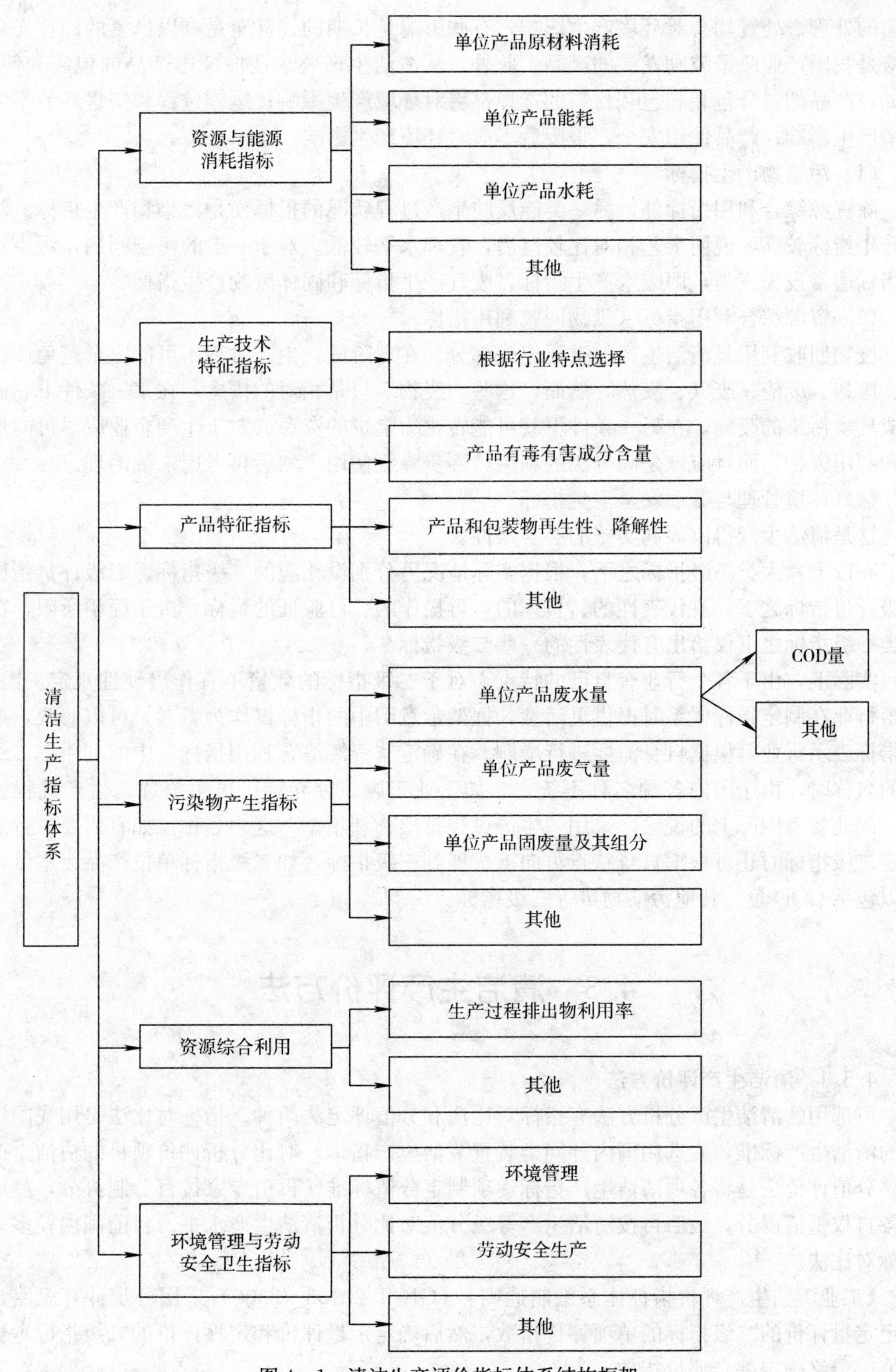

图 4—1　清洁生产评价指标体系结构框架

废后的处理、处置均会对环境产生影响，有些影响是长期的，甚至是难以恢复的。首先，产品应是我国产业政策鼓励发展的产品；此外，从清洁生产要求还应考虑产品的包装和使用。例如，产品的过分包装和包装材料的选择都将对环境产生影响；运输过程和销售环节不应对环境产生影响；产品使用安全，报废后不应对环境产生影响。

（4）污染物产生指标

除资源综合利用指标外，另一类能反映生产过程状况的指标便是污染物产生指标。污染物产生指标较高，说明工艺相对比较落后，管理水平较低。对于一般的污染问题，污染物产生指标通常设为三类，即废水产生指标、废气产生指标和固体废物产生指标。

（5）资源综合利用指标（废物回收利用指标）

废物回收利用是清洁生产的重要组成部分。在现阶段，生产过程不可能完全避免产生废水、废料、废渣、废气、废热，然而，这些“废物”只是相对的概念，在某一条件下它们是造成环境污染的废物，在另一条件下就可能转化为宝贵的资源。对于生产企业应尽可能地回收和利用废物，而且应该是高等级的利用，逐步降级使用，然后再考虑末端治理。

（6）环境管理与劳动安全卫生指标

这是清洁生产得以顺利实施的必要条件。

在以上六大类一级指标之下，根据实际情况可分别设相应的二级指标。二级评价指标是一级评价指标之下，有代表性的、具体的、可操作的、可验证的指标。由于篇幅所限，在每一类一级指标之下仅给出有代表性的一些二级指标。

实际上，由于各个行业有自己的特点，对于二级指标的数量不宜作出硬性规定。因此，为给行业在制定指标体系时提供灵活性，框架示意图中的指标仅作为参考，可以修改，虚框的指标表示行业可根据自身需要进行增删。在确定“资源综合利用指标”中的利用率二级指标的名称时，由于国内各种名称不统一，如工业三废、废弃物、再生资源、生产过程废物等，因此参考国际上的说法，采用“生产过程排出物利用率”这一名称。如有需要，行业在制定二级指标时还可根据自身特点再向下扩展到三级指标，如二级指标单位产品废水量，还可以包括 COD 量、其他污染物量等三级指标。

4.3 清洁生产评价方法

4.3.1 清洁生产评价方法

可选用的清洁生产分析方法有指标对比法和分值评定法两种。指标对比法是用我国已颁布的清洁生产标准，或选用国内外同类装置清洁生产指标，对比分析评价项目的清洁生产水平。分值评价法是将各项清洁生产指标逐项制定分值标准，再由专家按百分制打分，然后乘以各自权重值得分，最后再按清洁生产等级分值对比分析清洁生产水平。目前国内较多采用指标对比法。

《工业清洁生产评价指标体系编制通则》（GB/T 20106—2006）采用分步计算思路，先确定定量评价的二级指标的单项评价指数，然后确定定量评价和定性评价的二级指标考核总分值，最终确定综合评价指数。

有些指标，如污染物排放指标，其数值越小越符合清洁生产要求，而有些指标，如资源综合利用指标，其数值越大越符合清洁生产要求。因此，通则中给出了两个公式，分别进行计算，目的是对单项评价指数值进行归一化处理。对于极端情况，如指标实际值远大于或远小于评价基准值，计算得出的单项评价指数值就会偏离实际意义，对其他评价指标的单项评价指数的作用产生较大干扰。为了消除这种不合理的影响，需要进行修正。具体修正方法由各行业根据自身特点进行确定。

（1）定量评价的二级指标的单项评价指数

对指标数值越大越符合清洁生产要求的指标，按式 4—1 计算：

$$S_i = \frac{S_{xi}}{S_{0i}} \tag{4—1}$$

对指标数值越小越符合清洁生产要求的指标，按式 4—2 计算：

$$S_i = \frac{S_{0i}}{S_{xi}} \tag{4—2}$$

式中 S_i—— 第 i 项评价指标的单项评价指数；

S_{xi}—— 第 i 项评价指标的实际值；

S_{0i}—— 第 i 项评价指标的评价基准值。

当可能出现 S_{xi} 远大于（采用公式 4—1 计算）或远小于（采用公式 4—2 计算）评价基准值的情况时，需要对 S_i 值幅度范围进行限制。限制方法可根据行业特点予以确定并加以具体说明。

定量评价、定性评价的二级指标考核总分值（P_1、P_2）依照计算出的各二级指标的单项评价指数，采用加权求和法确定。

（2）定量评价的二级指标考核总分值

定量评价的二级指标考核总分值按式 4—3 计算：

$$P_1 = \sum_{i=1}^{n} S_i K_i \quad (i=1,\ 2,\ 3,\ \cdots,\ n) \tag{4—3}$$

式中 P_1——定量评价的二级指标考核总分值；

n——参与考核的定量评价的二级指标总数；

S_i——第 i 项评价指标的单项评价指数；

K_i——第 i 项评价指标的权重值。

（3）定性评价的二级指标考核总分值

定性评价的二级指标考核总分值按式 4—4 计算：

$$P_2 = \sum_{j=1}^{n} F_j K_j \quad (j=1,\ 2,\ 3,\ \cdots,\ n) \tag{4—4}$$

式中 P_2——定性评价的二级指标考核总分值；

n—— 参与考核的定性评价的二级指标总数；

S_j——第 j 项评价指标的单项评价指数；

K_j——第 j 项评价指标的权重值。

采用加权求和法，将定量评价指标和定性评价指标考核评分（P_1、P_2）按照不同的权重（α、β）予以综合，得到一个总的评价指数。

（4）综合评价指数

综合评价指数按式4—5计算：

$$P=\alpha P_1+\beta P_2 \quad (4\text{—}5)$$

式中 P——企业清洁生产的综合评价指数；

α——综合评价时定量类指示采用的权重值；

P_1——定量评价指标的二级指标考核总分值；

β——综合评价时定性类指标采用的权重值；

P_2——定性评价指标的二级指标考核总分值。

综合评价指数 P 可以用来考核企业清洁生产的综合水平是否达到相对先进。同时，综合评价指数之差可以反映企业之间清洁生产水平的总体差距，因此可用于企业间的比较。α、β 由各行业根据定量评价指标和定性评价指标考核评分在清洁生产评价指标体系中的重要性确定。

4.3.2 环境影响报告书中清洁生产评价的编写要求

（1）原则

1）大型工业项目可以在环境影响评价报告书中单列“清洁生产分析”一章，专门进行叙述；中、小型且污染较轻的项目可在工程分析一章中增列“清洁生产分析”一节。

2）清洁生产指标项的确定要符合指标选取原则，按六类指标考虑并充分考虑行业特点。

3）清洁生产指标数值的确定要有充足的依据。调查收集同行业多数企业的数据，或同行业中有代表性企业的近年的基础数据，作为参考依据。

4）建设项目的清洁生产指标的描述应真实客观。

5）报告书中必须给出关于清洁牛产的结论及所应采取的清洁生产方案建议。

（2）内容

1）环境影响评价中进行清洁生产分析所采用清洁生产评价指标的介绍。应介绍选取清洁生产指标过程和确定清洁生产指标数值，指标数值确定的参考基础数据、数据来源及数据的可靠性等。

2）建设项目所能达到的清洁生产各个指标的描述。根据建设项目工程分析的结果，结合对资源能源利用、生产工艺和装备选择、产品指标、废弃物的回收利用、污染物产生的深入分析，确定环境影响评价项目相应各类清洁生产指标数值。

3）建设项目清洁生产评价结论。将预测值与同行业清洁生产标准值进行对比，给出简要的清洁生产评价结论。

4）清洁生产方案建议。在对建设项目进行清洁生产分析的基础上，确定存在的主要问题，并提出相应的解决方案和建议。

本章小结

本章主要讲述清洁生产的概念，清洁生产评价指标，清洁生产评价方法。

练 习 题

1. 选择题

(1) 国家对浪费资源和严重污染环境的落后生产技术、工艺、设备和产品实行________制度。

A. 限期淘汰　　B. 集中申报　　C. 限期整改　　D. 限期关闭

(2) 清洁生产主要内容应为________。

A. 清洁的厂区、清洁的设备

B. 清洁的能源、清洁的生产过程、清洁产品

C. 清洁的环境、清洁的产品、清洁的消费

D. 清洁的分析方法

(3) 下列________在清洁生产分析中必须有定量指标。

A. 产品指标　　B. 资源能源利用指标

C. 污染物产生指标　　D. 废物回收利用指标

(4) 下列清洁生产指标中，________属于定性或半定量指标。

A. 环境管理要求　　B. 生产工艺与装备要求

C. 废物回收利用指标　　D. 污染物产生指标　　E. 产品指标

(5) 清洁生产的污染物产生指标包括________。

A. 废水产生指标　　B. 噪声产生指标

C. 废气产生指标　　D. 固体废物产生指标

2. 填空题

(1) 2003 年 1 月 1 日起施行的__________是我国第一部关于清洁生产的专门性法律。

(2) 清洁生产评价的编写要求是：__________项目可以在环评报告书中单列“清洁生产分析”一章，专门进行叙述；__________ 项目可在工程分析一章中增列“清洁生产分析”一节。

3. 判断题

(1) 清洁生产分析是建设项目环境影响评价的主要内容之一。

(2) 有些指标，如污染物排放指标，其数值越小越符合清洁生产要求，而有些指标，如资源综合利用指标，其数值越大越符合清洁生产要求。因此，标准给出了两个公式，分别进行计算。

4. 简答题

(1) 简述清洁生产指标的选取原则。

(2) 简述我国清洁生产评价指标体系的构成。

(3) 简述《清洁生产促进法》中对清洁生产所下定义。

(4) 简述在环境影响评价报告书中清洁生产评价的编写原则和内容。

阅读材料 2

印染行业清洁生产评价指标体系

在定量评价指标体系中，各指标的评价标准值是衡量该项指标是否符合清洁生产基本要求的评价标准。本评价指标体系确定各定量评价指标的评价基准值的依据是：凡国家或行业在有关政策、规划等文件中对该项指标已有明确要求的，就选用国家要求的数值；凡国家或行业对该项指标尚无明确要求的，则选用国内重点大中型印染企业近年来清洁生产所实际达到的中等以上水平的指标值。本定量评价指标体系的评价基准值代表了行业清洁生产的平均先进水平。

在定性评价指标体系中，衡量该项指标是否贯彻执行国家有关政策、法规的情况，按“是”或“否”两种选择来评定。

清洁生产评价指标的权重分值反映了该指标在整个清洁生产评价指标体系中所占的比重。它原则上是根据该项指标对印染行业清洁生产实际效益和水平的影响程度大小及其实施的难易程度来确定的。

清洁生产是一个相对概念，它将随着经济的发展和技术的更新而不断完善，达到更高、更先进水平，因此清洁生产评价指标及指标的基准值，也应视行业技术进步的趋势进行不定期调整，其调整周期一般为三年，最长不应超过五年。

印染企业定量评价指标和定性评价指标见表 4—1 和表 4—2。

表 4—1　　印染企业定量评价指标项目、权重及基准值

一级指标	权重分值	二级指标	单位	权重分值	评价基准值①
能源指标	25	单位产品综合能耗	kgce/t	5	4 846.5
		水浴比	t/t	4	7
		万元产值能耗	kgce	4	0.8
		单位产品耗水量	t/t	3	269
		单位产品耗电量	t/t	3	1 795
		单位产品耗汽量	t/t	3	17.95
		单位产品耗煤量	t/t	3	2.24
材料指标	25	印花浆料消耗	kg/t	3	2
		烧碱消耗	kg/t	4	2 324.5
		染料消耗	kg/t	4	35.9
		助剂消耗	kg/t	4	323.1
		双氧水消耗	kg/t	3	31.41
		油类消耗	kg/t	2	40.39
		企业工业用水重复利用率	%	5	40
生产技术指标	10	上染率	%	3	70
		设备作业率	%	3	85
		综合成品率	%	4	95

续表

一级指标	权重分值	二级指标	单位	权重分值	评价基准值[1]
综合利用指标	25	余热利用率	%	5	50
		染料回收利用率	%	5	50
		烧碱回收率	%	5	50
		废水回用率	%	5	20
		工业用水利用率	%	5	95
污染物指标	15	外排废水量	m^3/t	3	179.5
		COD 排放量	kg/t	3	215.4
		SO_2 排放量	kg/t	3	2.47
		烟粉尘排放量	kg/t	3	3.86
		噪声	dB（A）	3	≤60

注：1. ①评价基准值的单位与其相应指标的单位相同。

2. 各个指标的数值是按织物平均 1 t 布 5 000 m 计算，然后乘以标准品校正系数，按平均校正系数 1.795 计算。

表 4—2　　印染企业定性评价指标项目及权重

一级指标	指标分值	二级指标	指标分值	备注
（1）执行国家重点鼓励发展技术（含印染清洁生产技术）的符合性	70	酶法退浆工艺	5	定性评价指标无评价基准值，其考核按对该指标的执行情况给分 对一级指标“（1）”所属二级指标，凡采用的按其指标分值给分，未采用的不给分 对一级指标“（2）”所属二级指标，凡已建立环境管理体系并通过认证的给 4 分，只建立环境体系但尚未通过认证的给 2 分；凡已进行清洁生产审核并实施无/低费方案的给 6 分，实施中/高费方案的给 4 分 对一级指标“（3）”所属各二级指标，如能按要求执行的，则按其指标分值给分 对建设项目环境保护“三同时”、建设项目环境影响评价、老污染源限期治理指标未能按要求完成的则不给分 对污染物排放总量控制要求，凡水污染物和气污染物均有超总量要求的则不给分；凡仅有水污染物或气污染物超总量要求的，则给 2 分
		棉布前处理冷轧堆一步法工艺	4	
		涂料染色、印花工艺	7	
		转移印花新工艺	7	
		高效环境保护活性染料应用	7	
		超滤法回收染料	5	
		丝光淡碱回收技术	4	
		数字化喷射印花新工艺	6	
		逆流清洗、回用及小浴比设备	5	
		无毒无害的原副材料	5	
		原辅助剂的回收利用	5	
		综合利用或消纳社会废物	5	
		全厂性污水处理（二次）及回用	5	
（2）环境管理体系建立及清洁生产审核	10	建立环境管理体系并通过认证	4	
		开展清洁生产审核	6	
（3）贯彻执行环境保护法规的符合性	20	建设项目环境保护“三同时”执行情况	5	
		建设项目环境影响评价制度执行情况	5	
		老污染源限期治理项目完成情况	5	
		污染物排放总量控制情况	5	

注：如果一个企业涉及多个产品时，其他产品要在其他相关行业达到指标要求，否则不能参评。

国家鼓励发展技术随着科技的进步也会有所变化，有关新技术说明可参考当年行业协会所发文件。

5 大气环境影响评价

本章学习目标

1. 掌握大气环境评价等级与评价工作范围；
2. 熟悉与大气环境影响评价有关的气象学知识；
3. 熟悉大气环境现状调查的范围、方法、内容；
4. 掌握大气环境影响预测、评价要求及具体方法；
5. 掌握高架点源大气环境影响预测模式和预测参数的估算。

5.1 大气环境影响评价等级的确定

5.1.1 大气环境影响评价等级的划分

为了确定适当的评价工作量，以便在保证工作质量的前提下，尽可能节约经费和时间。根据中华人民共和国环境保护行业标准《环境影响评价技术导则 大气环境》（HJ/T2.2—1993）的规定，根据评价项目的主要污染物排放量（以等标排放量 P_i 衡量）、周围地形的复杂程度以及当地应执行的大气环境质量标准等因素，将大气环境影响评价工作划分为一、二、三级，见表 5—1。

表 5—1 评价工作级别（一、二、三级）

P_i （m^3/h） 地形	$P_i<2.5\times10^8$	$2.5\times10^8\leqslant P_i<2.5\times10^9$	$P_i\geqslant2.5\times10^9$
复杂地形	三	二	一
平　原	三	三	二

经过对拟建设项目的初步工程分析，选择 1～3 个污染物为主要污染物，计算其等标排放量 P_i（下标 i 为第 i 个污染物），P_i 的计算公式为：

$$P_i = \frac{Q_i}{c_{0i}} \times 10^9 \tag{5—1}$$

式中 P_i——等标排放量，m^3/h；

Q_i——单位时间排放量，t/h；

C_{0i}——大气环境质量标准，mg/m^3。

大气环境质量标准（C_{0i}）一般按《环境空气质量标准》（GB 3095—1996）中二级标准和“修改单”中各污染物一小时平均取值时间的二级标准限值计算，对该标准中未包含的项目，可以按《工业企业设计卫生标准》（TJ 36—79）中的相应值选用，如已有地方标准，应选用地方标准中的相应值。对某些上述标准中都未包含的项目，可参照国外有关标准选用，但应作出说明，报环境保护部门批准后执行。C_{0i}应符合国家或地方大气污染物排放标准。各项污染物的浓度限值见表5—2。

表5—2 各项污染物的浓度限值

污染物名称	取值时间	浓度限值			
		一级标准	二级标准	三级标准	浓度单位
二氧化硫 SO_2	年平均	0.02	0.06	0.10	mg/m^3（标准状态）
	日平均	0.05	0.15	0.25	
	1小时平均	0.15	0.50	0.70	
总悬浮颗粒物 TSP	年平均	0.08	0.20	0.30	mg/m^3（标准状态）
	日平均	0.12	0.30	0.50	
可吸入颗粒物 PM_{10}	年平均	0.04	0.10	0.15	mg/m^3（标准状态）
	日平均	0.05	0.15	0.25	
氮氧化物 NO_x	年平均	0.05	0.05	0.10	mg/m^3（标准状态）
	日平均	0.10	0.10	0.15	
	1小时平均	0.15	0.15	0.30	
二氧化氮 NO_2	年平均	0.04	0.04	0.08	mg/m^3（标准状态）
	日平均	0.08	0.08	0.12	
	1小时平均	0.12	0.12	0.24	
一氧化碳 CO	日平均	4.00	4.00	6.00	mg/m^3（标准状态）
	1小时平均	10.00	10.00	20.00	
臭氧 O_3	1小时平均	0.12	0.16	0.20	mg/m^3（标准状态）
铅 Pb	季平均	1.50	mg/m^3（标准状态）		
	年平均	1.00			
苯并［a］芘 B［a］P	日平均	0.01			$\mu g/m^3$（标准状态）
氟化物	日平均	7①			$\mu g/m^3$（标准状态）
	1小时平均	20①			
F	月平均	1.8②	3.0③	$\mu g/(dm^2 \cdot d)$	
	植物生长季平均	1.2②	2.0③		

注：①适用于城市地区。

②适用于牧业区和以牧业为主的半农半牧区，蚕桑区。

③适用于农业和林业区。

项目周围地表特征可分为平原地形和复杂地形两类。复杂地形指：山区、丘陵、沿海、大中城市的城区等。

评价工作的级别，按表 5—1 划分，P_i 按公式 5—1 计算。如污染物数值大于 1，取 P_i 值中最大者。

[例 5—1] 某拟建厂位于丘陵地带，新增的主要大气污染源是一组燃煤锅炉。日耗煤 720 t（约 80~90 MW 机组)，煤炭含硫量为 0.8%，试确定其评价等级。

解：

(1) 计算污染物排放量

每小时燃煤量：720 t/24 h=30 t/h

每小时燃硫量：30 t/h×0.008=0.24 t/h

每小时 SO_2 排放量：因为 32∶64=1∶2，所以

$$Q=0.24\ t/h\times 2=0.48\ t/h$$

(2) 计算判别参数

《环境空气质量标准》(GB 3095—1996) 中 SO_2 的 1 h 评价质量浓度限值（二级标准）为 0.5 mg/m^3，则

$P_i=(Q/C_0)\times 10^9=(0.48/0.5)\times 10^9=9.6\times 10^8$

$P_i\geqslant 2.5\times 10^8$，因为其地形复杂，故应按二级评价。

5.1.2　大气环境影响评价工作范围的确定

大气环境影响评价工作范围决定了评价成果的有效性及工作量的大小，通常遵循以下四个原则：

(1) 建设项目的大气环境影响评价范围，主要根据项目的级别确定，此外还应考虑评价区内和评价区边界外有关区域（以下简称界外区域）的地形、地理特征及该区域内是否包括大中城区、自然保护区、风景名胜区等环境保护敏感区。一般可取项目的主要污染源为中心，主导风向为主轴的正方形或矩形。如无明显主导风向，可取东西或南北向为主轴。

(2) 对于一、二、三级评价项目，大气环境影响评价范围的边长，一般分别不应小于 16～20 km、10～14 km、4～6 km。平原取上限，复杂地形取下限，对于少数等标排放量较大的一、二级项目，评价范围应适当扩大。

(3) 考虑到界外区域对评价区的影响，对于地形、地理特征和排放高度、排放量较大的点源的调查，还应扩大到界外区域，各方位的界外区域的边长大致为评价区域边长的 0.5 倍。

(4) 如果界外区域包含有环境保护敏感区，则应将评价区扩大到界外区域。如果评价区包含有荒山、沙漠等非环境保护敏感区，则可适当缩小评价区的范围。

空气质量预测范围，可根据烟囱高度对计算范围作适当调整（最大落地浓度距离一般为有效源高的 10～15 倍）。

5.2 大气污染源调查

5.2.1 大气污染源调查对象及评价区污染因子的筛选

(1) 大气污染源调查的对象

对于一、二级评价项目，应包括拟建项目污染源（对改扩建工程应包括新、老污染源）及评价区的工业和民用污染源；对于三级评价项目可只调查拟建项目工业污染源。

(2) 污染因子的筛选

在污染源调查中，应根据评价项目的特点和当地大气污染状况对污染因子（即待评价的大气污染物）进行筛选。第一，应选择该项目等标排放量 P_i 较大的污染物为主要污染因子；第二，还应考虑在评价区已造成严重污染的污染物；第三，不要考虑大气污染物在光量子作用下可能出现的次级污染物，如光化学污染；第四，大气污染的酸性前体物不可能转化为酸雨、酸雾，形成酸沉降。污染源调查中的污染因子数一般不宜多于五个。对某些排放大气污染物数目较多的企业，如钢铁企业，其污染因子数可适当增加。

在实际工作中，通常先分析建设项目可能产生的环境影响，即环境影响因素识别，然后再进行因子筛选。

5.2.2 大气污染源调查内容

(1) 一级评价项目污染源调查内容

对于一级项目应进行以下各方面的调查：

1）按生产工艺流程或按分厂、车间分别绘制污染流程图。

2）按分厂或车间逐一统计各有组织排放源和无组织排放源的主要污染物排放量。

3）对改扩建项目的主要污染物排放量应给出：现有工程排放量、改扩建工程排放量，以及预计现有工程经改造后污染物的削减量，并按上述三个量计算最终排放量。

4）除调查统计主要污染物正常生产的排放量外，对于毒性较大的物质还应估计其非正常排放量，特别是事故性排放，如点火开炉，设备检修，原料、燃料中毒性较大成分含量波动，净化措施达不到应有效率的设备及管理事故等。除极少数要求较高的一级评价项目外，一般只对上述各项中排放量显著增加的非正常排放进行统计。

5）污染物排放方式：统计时，可将污染源划分为点源和面源。面源包括无组织排放源和数量多、源强源高都不大的点源。对于范围较大的城区和工业区，一般把源高低于 30 m、源强小 0.04 t/h 的污染源列为面源。建设项目可参考这一数据，根据污染源源强和源高的具体分布状况确定点源的最低源高和源强。厂区内某些属于线源性质的排放源可并入其附近的面源，按面源排放统计。

6）点源调查统计内容包括以下七点：

①排气筒底部中心坐标（一般按国家坐标系）及分布平面图；

②排气筒高度（m）及出口内径（m）；

③排气筒出口烟气温度（K）；

④烟气出口速度（m/s）；

⑤各主要污染物正常排放量（t/年、t/h 或 kg/h）；

⑥毒性较大物质的非正常排放量（kg/h）；

⑦排放工况，如连续排放或间断排放（间断排放应注明具体排放时间、时数和可能出现的频率）。

7）面源调查统计内容：将评价区在选定的坐标系内网格化。可以评价区的左下角为原点；分别以东（E）和北（N）为正 X 和正 Y 轴。网格单元，一般可取 1×1（km)^2，评价区较小时，可取 500×500（m^2），建设项目所占面积小于网格单元，可取其为网格单元面积。然后，按网格统计面源的下述参数：

①主要污染物排放量［t/(h・km^2)］；

②面源排放高度（m），如网格内排放高度不等时，可按排放量加权平均取平均排放高度；

③面源分类，如果源分布较密且排放量较大，当其高度差较大时，可酌情按不同平均高度将面源分为 2～3 类。

8）对排放颗粒物的重点点源，除排放量外，还应调查其颗粒物的密度及粒径分布。

9）原料、固体废弃物等堆放场所产生的扬尘可作为“风面源”处理。应通过试验或类比调查，确定其扬起时的风速和扬尘量。

（2）二级、三级评价项目污染源调查内容

对于二级评价项目，污染源调查内容可参照一级评价项目污染源调查内容进行，但可适当从简；对于三级评价项目，可只调查一级评价项目污染源调查内容中第 3、第 5、第 6、第 7、第 8 等条内容。

（3）评价区内其他污染源调查

评价区内其他工业污染源的调查内容，一般可直接取近期的“工业污染源调查资料”，对于重点污染源，必要时，应进行核实。

民用污染源调查，主要污染因子可限于二氧化硫、粉尘两项，其排放量可按全年平均燃料使用量估算，对于有明显采暖和非采暖期的地区，应分别按采暖期和非采暖期统计。界外区域较大点源的调查内容，可参照一级评价项目污染源调查内容执行。

5.3 大气环境质量现状调查

大气环境质量现状调查与评价的基本目的有两个：一是查清评价区的大气环境质量现状及其形成原因；二是取得影响预测与评价所需的背景数据，为影响预测提供用于叠加计算所需的“本底值”。其主要内容是：获取现有的监测资料，开展现状监测，根据监测数据分析评价当地大气环境质量现状。

5.3.1 大气环境质量现状监测

（1）大气环境现有监测资料分析

收集评价区及界外区域监测资料，如果已设有常规大气监测点，应尽可能收集和充分利用这些监测点的例行监测资料，统计分析各监测点各季的主要污染物的浓度值、超标值、变化趋势等。例行监测资料的价值在于能从长期和宏观的角度，反映出评价区大气质量的总体水平和变化规律。统计分析监测资料时，应注意以下要点：各点各期主要污染物浓度范围，一次最高值，日均浓度波动范围，季日均浓度值，一次值及日均值超标率，不同功能区浓度变化特点及平均超标率，浓度日变化及季节变化规律，浓度与地面风向、风速的相关特点等。

如果没有例行监测资料，或者为了获得符合该评价项目尺度的详细信息，还需在评价期间专门进行气象观测和大气质量现状监测。

(2) 大气环境质量现状监测

大气环境质量现状监测的目的是为了取得进行大气环境质量预测和评价所需的背景数据。因此，监测范围、监测项目、监测点和监测制度的确定，都应根据拟建项目的规模、性质和厂址周围的地理环境及实际条件而定，突出针对性和实用性。

1) 监测范围与项目。监测范围主要限于评价区内，需要监测的项目可根据大气污染源调查中筛选的主要污染因子确定，同时考虑评价区内污染现状确定。

2) 监测布点

①监测点设置数量

监测点设置的数量应根据拟建项目的规模和性质，综合考虑当地的自然环境条件、区域大气污状况和发展趋势、功能布局和敏感点的分布，结合地形、污染气象等自然因素综合优化选择确定。一般一级评价项目监测点不应少于 10 个；二级评价项目监测点不应少于 6 个；三级评价项目，如果评价区内已有例行监测点可不再安排监测，否则可布置 1～3 个点进行监测。

②监测点位置的设置原则

监测点的位置应具有较好的代表性，设点的测量值应能反映一定地区范围的气象要素以及大气环境污染水平和规律。设点时应从总体上把握大气流场的特征与规律，同时适当考虑自然地理环境、交通和工作条件，使测点分布合理而兼顾均匀，同时又便于有效、有序工作。

3) 监测点布置的布设方法

布设方法主要思路和原则是正确把握大气流场及充分反映其运动规律与主要特征参数。具体的监测点布置的布设方法有以下五种：网格布点法；同心圆多方位布点法；扇形布点法；配对布点法；功能分区布点法。此外，通常应在关心点、敏感点（如居民集中区、风景区、文物点、院校等）以及下风向距离最近的村庄布设监测点，在上风向适当位置往往还需要设置对照点。

(3) 监测制度

监测时间和频率的确定，主要考虑当地的气象条件及人们的生活和工作规律。《环境影响评价技术导则　大气环境》（HJ/T 2.2—1993）规定：一级评价项目不得少于两期（夏季、冬季）监测；二级评价项目可取一期不利季节，必要时也应作二期监测；三级评价项目必要时可作一期监测。

每期监测时间，一级评价项目至少应取得有季节代表性的 7 天有效数据，每天不少于 6 次（北京时间 02 时、07 时、10 时、14 时、16 时、19 时，其中 10 时、16 时两次可按季节不同作适当调整）。对二、三级评价项目，全期至少监测 5 天，每天至少 4 次（北京时间 02 时、07 时、14 时、19 时，少数监测点 02 时实施确有困难者可酌情取消）。数据统计的有效性应符合《环境空气质量标准》中的要求。

为准确地分析评价大气污染物的时空分布规律，现状监测应与污染气象观测同步进行。对于不需要进行气象观测的评价项目，应收集其附近有代表性的气象台站各监测时间的地面风速、风向、气温、气压等资料。

（4）监测方法

对于大气环境现状监测，采样及分析方法应尽量选择原国家环境保护总局统一制定的标准方法。对国家尚未统一制定标准方法的监测项目，应充分进行监测分析方法的调查和优选，并应在初次监测之前，进行条件试验。

5.3.2 大气环境质量现状评价

（1）监测结果的统计及分析

监测结果应能说明评价区内大气污染物监测浓度范围、平均值、超标率等。同时，还应进行浓度时空分布特征分析和浓度变化与污染气象条件的相关分析。

1）监测数据的有效性检验。实验室在提出监测报告时，应根据《数据的统计处理和解释、正态样本异常值的判断和处理》（GB 4885—85）的规定，剔除失控数据。对于未检出值，取该分析方法最小检出限的一半代之。对统计结果影响大的极值应进行核实，并剔除异常值。

2）监测数据的统计。在现状监测数据统计中，通常需要计算数据的集中趋势和离散指标，一般包括浓度范围、日均浓度及其波动范围、季（监测期）日均浓度值、一次及日均值的超标率，最大污染时日等。

3）监测数据的分析

①污染物浓度时空分布特征分析：研究污染物浓度随时间变化时，需要确定一定的时间序列。对环境影响评价来说，由于监测时间较短，只能用周期性时间序列，从周期性分析浓度随时间变化的规律。周期性序列包括一昼夜、一周、一月、一季等。计算出一定时间周期的污染物平均浓度后，绘制出污染物周期变化图。

②污染物浓度的空间分布特征分析：污染物浓度的空间分布特征可反映排放源、气象因素、地理条件、人为活动等与浓度之间的关系。通常都用浓度等值线图表示浓度空间分布的特征。

③污染物浓度与气象条件的相关分析：对污染物浓度和气象要素进行同步监测后，可根据监测资料分析污染物浓度与大气层结、风向、风速、温度、气压等气象因素的相关关系。

（2）大气环境质量现状评价

环境空气质量评价常采用大气指数法，包括单项指数法和综合指数法。

1）单项指数法。单项质量指数法，是目前国内外开展环境影响评价时采用的主要方法。评价指数计算公式为：

$$I_i = C_i / C_{0i} \tag{5—2}$$

式中 I_i——污染物 i 的评价指数；

C_i——污染物 i 的质量浓度值（实测或经统计处理），mg/m³；

C_{0i}——选定的污染物 i 的评价标准，mg/m^3。

在实际工作中，往往还需要同时用超标率、最大超标倍数等指标补充说明，以便更客观准确地阐明污染物的时空分布与变化情况。

2）综合指数法。用综合指数法评价环境空气质量，其优点是将环境空气中多种大气污染物的浓度简化为单一的数值来表征空气质量状况与空气污染的程度，其结果避开了繁复的专业术语，简明直观，使用方便，更适用于分级表示环境空气质量，且更易于被非专业人士理解与接受。其主要缺点是容易出现以偏概全的弊端。例如，有几种污染物浓度很低，就有可能把某个污染物浓度较高的情况掩盖起来，反之亦然。

表征环境空气质量的综合指数有多种形式，如美国、英国和我国台湾地区采用的 PSI 指数（Pollutant Standard Index），我国大陆和香港采用的空气污染指数 API（Air Pollution Index）等，主要用于城市控制质量周报、日报和预报。

我国的大气污染指数是借鉴了美国的污染物标准指数而提出的。根据我国空气污染的特点和污染防治重点，目前计入大气污染指数的污染物有 SO_2、NO_2、PM_{10}、CO 和 O_3，其中 SO_2、NO_2、PM_{10} 三项以日均值计，CO 和 O_3 两项以 1 h 均值计。

大气污染指数范围及相应的空气质量类别见表 5—3。

表 5—3　　大气污染指数范围及相应的大气质量类别

API	大气质量状况	对健康的影响	建议采取的措施
0～50	优	可正常活动	—
51～100	良		
101～150	轻微污染	易感染人群症状有轻度加剧，健康人群出现刺激症状	心脏病和呼吸系统疾病患者应减少体力消耗和户外运动
151～200	轻度污染		
201～250	中度污染	心脏病和肺病患者症状显著加剧，运动耐受力降低，健康人群普遍出现症状	老年人和心脏病、肺病患者应当留在室内，并减少体力活动
251～300	中度重污染		
＞300	重污染	健康人运动耐受力降低，有明显的症状，提前出现某些疾病	老年人和病人应当留在室内，避免体力消耗，一般人群应避免户外运动

5.4 大气环境影响预测

5.4.1 大气环境影响预测的目的与方法

（1）大气环境影响预测的目的

预测的主要目的是为环境影响评价提供可靠和定量的基础数据，具体有以下五点：

1）了解建设项目建成以后对大气环境质量影响的程度和范围；

2）比较各种建设方案对大气环境质量的影响；

3）给出各类或各个污染源对任一点污染物浓度的贡献（污染分担率）；

4）优化城市或区域的污染源布局以及对其实行总量控制；

5）从景观生态与人文生态的敏感对象上，预测和评估其可能发生的风险影响及出现的频率与风险程度，寻求最佳预防对策方案。

（2）大气环境影响预测的方法

预测方法大体上可分为经验方法和数学方法两大类。经验方法主要是在统计、分析历史资料的基础上，结合未来的发展规划进行预测。数学方法主要是指利用数学模式进行计算或模拟。近 20 年来，由于计算机技术的飞速发展，数学方法的应用较为普遍。

大气环境影响预测的数学方法主要是利用大气扩散模型。目前在我国大气环评中的主要大气扩散模型都以正态扩散模式，即高斯（Gauss）模式为基础。正态扩散模式成立的前提是假定污染物在空间的概率密度是正态分布，概率密度的标准差即扩散参数，通常用“统计理论”方法或其他经验方法确定。

5.4.2 大气环境影响预测模式

污染物进入大气后，通过物理过程发生变化。

高斯模式是一类简单实用的大气扩散模式。在均匀、定常的湍流大气中污染物浓度满足正态分布，由此可导出一系列高斯型扩散公式。实际大气不满足均匀、定常条件，因此一般的高斯扩散公式应用于下垫面均匀平坦、气流稳定的小尺度扩散问题更为有效。

（1）连续点源烟流扩散公式

所有连续点源公式，包括应用于各种特殊条件下的变形公式，仅适合于连续排放扩散物质且源强恒定的源。

设地面为全反射体，当有风时（$u \geqslant 1.5$ m/s），可采用烟流扩散公式：

$$C_{(x,y,z,H)} = \frac{Q}{2\pi\sigma_y\sigma_z u}\exp\left[-\frac{y^2}{2\sigma_y^2}\right]\cdot \left\{\exp\left[-\frac{(z-H_e)^2}{2\sigma_z^2}\right]+\exp\left[\frac{(z+H_e)^2}{2\sigma_z^2}\right]\right\} \tag{5—3}$$

式中 $C_{(x,y,z,H)}$——下风向某点（x，y，z）处的空气污染物浓度，mg/m^3；

x——下风向距离，m；

y——横方向距离，m；

z——距地面高度，m；

Q——气体污染源强，m/s；

σ_y、σ_z——分别为水平方向和垂直方向扩散参数，它们是下风距离及大气稳定度的函数；

u——排气筒出口处的平均风速，m/s；

H_e——有效排放高度，m。

扩散参数 σ_y、σ_z 通常表示成如下形式：$\sigma_y=\gamma_1 x^{\alpha_1}$，$\sigma_z=\gamma_2 x^{\alpha_2}$，$\gamma_1$、$\gamma_2$、$\alpha_1$、$\alpha_2$ 与大气稳定度有关。

最大地面浓度 C_{max}及出现距离：

当 $\sigma_z/\sigma_y=\text{const}$

则 $$C_{max}=\frac{2Q}{\pi e u H_e^2}\cdot\frac{\sigma_z}{\sigma_y} \qquad \sigma_{z;x=x_{max}}=\frac{H_e}{\sqrt{2\gamma_2}} \tag{5—4}$$

当 $\sigma_z/\sigma_y \neq \text{const}$ 且 $\sigma_y=\gamma_1 x^{\alpha_1}$ $\sigma_z=\gamma_2 x^{\alpha_2}$

则 $C_{\max}=\dfrac{2Q}{\pi e u H_e^2 P_1}$ $x_{\max}=\left(\dfrac{H_e}{\gamma_2}\right)^{\frac{1}{\alpha_2}}\left(1+\dfrac{\alpha_1}{\alpha_2}\right)^{\frac{1}{2\alpha_2}}$

$$P_1=\frac{2\gamma_1\gamma_2^{-\frac{\alpha_1}{\alpha_2}}}{\left(1+\frac{\alpha_1}{\alpha_2}\right)^{\frac{1}{2}\left(1+\frac{\alpha_1}{\alpha_2}\right)}\cdot H_e^{\left(1-\frac{\alpha_1}{\alpha_2}\right)}\cdot e^{\frac{1}{2}\left(1-\frac{\alpha_1}{\alpha_2}\right)}} \tag{5—5}$$

(2) 有混合层反射的扩散公式

大气边界层常常出现这样的铅直温度分布：低层是中性层结或不稳定层结，在离地面几百米到 1～2 km 的高度中存在一个稳定的逆温层，即上部逆温，它使污染物的铅直扩散受到抑制。观测表明，逆温层底上下两侧的浓度通常相差 5～10 倍，污染物的扩散实际上被限制在地面和逆温层底之间。上部逆温层或稳定层底的高度称为混合层高度（或厚度），用 h 表示。

设地面及混合层全反射，连续点源的烟流扩散公式如下：

当 $\sigma_z < 1.6h$

$$C_{(x,y,z,H)}=\frac{Q}{2\pi u\sigma_y\sigma_z}\exp\left(-\frac{y^2}{2\sigma_y^2}\right)\cdot$$
$$\sum_{n=-\infty}^{\infty}\left\{\exp\left[-\frac{(z-H_e+2nh)^2}{2\sigma_z^2}\right]+\exp\left[-\frac{(z+H_e+2nh)^2}{2\sigma_z^2}\right]\right\} \tag{5—6}$$

$n=-4\sim4$ 即可达到足够的精度。

当 $\sigma_z > 1.6h$，浓度在铅直方向已接近均匀分布，可按下式计算：

$$C_{(x,y,H)}=\frac{Q}{\sqrt{2\pi}u\sigma_y h}\exp\left(-\frac{y^2}{2\sigma_y^2}\right) \tag{5—7}$$

(3) 熏烟扩散公式

高架连续点源排入稳定大气层中的烟流，在下风向有效源高度上形成狭长的高浓度带。当低层增温使稳定气层自下而上转变成中性，或不稳定层结扩展到烟流高度时，使烟流向下扩散产生熏烟过程，造成地面高浓度。此时在熏烟高度 z_f 以下，浓度在铅直方向接近均匀分布，地面浓度计算公式为：

$$C_{f(x,y,z,f)}=\frac{Q}{\sqrt{2\pi}u\sigma y_f z_f}\exp\left(-\frac{y^2}{2\sigma_{yf}^2}\right)\cdot$$
$$\int_{-\infty}^{p}\frac{1}{\sqrt{2\pi}}\exp\left(-\frac{p^2}{2}\right)\mathrm{d}p \tag{5—8}$$

式中 $\sigma_{yf}=\sigma_y+H_e/8$；$p=(z_f-H_e)/\sigma_z$。

当稳定气层消退到烟流顶高度 h_f 时，全部扩散物质已经向下混合，地面浓度公式为：

$$C_{f(x,y,h,f)}=\frac{Q}{\sqrt{2\pi}u\sigma_{yf}h_f}\exp\left(-\frac{y^2}{2\sigma_{yf}^2}\right)$$
$$h_f=H_e+2.15\sigma_z \tag{5—9}$$

(4) 连续线源公式

连续线源是指连续排放扩散物质的线状源，其源强处处相等且不随时间变化。在高斯模式中，连续线源等于连续点源在线源长度上的积分，其浓度公式为：

$$C_{(x,y,z)} = \frac{Q_L}{u}\int_0^L f\mathrm{d}l \tag{5—10}$$

式中 Q_L——线源源强，其单位为单位时间单位长度排放的物质量；

f——表示连续点源浓度的函数，可根据源高及有无混合层反射等情况选择适当的表达式。

对直线型线源等简单的情形则有以下两种：

1）线源与风向垂直：取 x 轴与风向一致，坐标原点设于线源中点，线源在 y 轴上的长度为 $2y_0$。地面全反射的浓度公式为：

$$C_{(x,0,0,H)} = \frac{2Q_L}{\sqrt{2\pi}u\sigma_2}\exp\left[-\frac{H^2}{2\sigma_z^2}\right]\int_{p_1}^{p_2}\frac{1}{\sqrt{2\pi}}\exp\left(-\frac{p^2}{2}\right)\mathrm{d}p \tag{5—11}$$

$$p_1 = -\frac{y_0}{\sigma_y} \qquad p_2 = \frac{y_0}{\sigma_y}$$

2）无限长线源（线源与风大于 45°夹角）的地面浓度公式为：

$$C_{(x,y,0,H)} = \frac{2Q_L}{\sqrt{2\pi}\sigma_z u\sin\varphi}\exp\left[-\frac{H^2}{2\sigma_z^2}\right] \tag{5—12}$$

式中 φ——线源与风的夹角。

（5）连续面源公式

源强恒定的面源称为连续面源。对面源扩散的处理方法主要有虚点源法和积分法等。

虚点源法：设想每个面源单元上风向有一个“虚点源”，它所造成的浓度效果与对应的面源单元相当。于是，可以用虚点源的浓度公式计算面源的浓度：

$$C_{(x,y,z)} = \frac{Q}{2\pi u\sigma_{y(x+x_y)}\sigma_{z(x+x_z)}}\exp\left[-\frac{y^2}{2\sigma_{y(x+x_y)}^2}\right]\cdot \left\{\exp\left[-\frac{(z+H_e)^2}{2\sigma_{z(x+x_z)}^2}\right]+\exp\left[-\frac{(z-H_e)^2}{2\sigma_{z(x+x_z)}^2}\right]\right\} \tag{5—13}$$

式中 Q——某面源单元的源强，在虚点源法中，其单位与连续点源相同；

x，y，z——计算点的坐标，坐标原点位于面源中心在地面的垂直投影点上；

x_y，x_z——虚点源向上风向的后退距离。

若有：$\sigma_y = \gamma_1 x^{\alpha_1}$　　$\sigma_z = \gamma_2 x^{\alpha_2}$

$$x_y = \left(\frac{L/4.3}{\gamma_1}\right)^{1/\alpha_1}，x_2 = \left(\frac{H_e/2.15}{\gamma_2}\right)^{1/\alpha_2} \tag{5—14}$$

式中 L——面源单元的边长。

应用同样的原理，也可以用虚点源计算线源、体源造成的浓度。

5.4.3 烟气抬升高度计算

烟气抬升高度是确定高架源的位置，准确判断大气污染扩散及估计地面污染浓度的重要参数之一。从烟囱里排出的烟气，通常会继续上升。上升的原因，一是热力抬升，即当烟气温度高于周围空气温度时，密度比较小，在浮升力的作用下上升；二是动力抬升，即离开烟囱的烟气本身具有的动量，促使烟气继续向上运动。在大气湍流和风的作用下，漂移一段距离后逐渐变为水平运动，因此有效源的高度高于烟囱实际高度。

热烟流从烟囱中喷出直至变平是一个连续的逐渐缓变过程，一般可分为四个阶段，如图 5—1 所示。首先是烟气依靠本身的初始动量垂直向上喷射的喷出阶段；其次是由于烟气和周围空气之间温差而产生的密度差形成浮力而使烟流上升的浮升阶段；然后是在烟体不断膨胀过程中大气湍流作用明显加强，烟体结构瓦解，逐渐失去抬升作用的瓦解阶段；最后是在大气湍流作用下，烟流继续扩散膨胀并随风飘移的变平阶段。

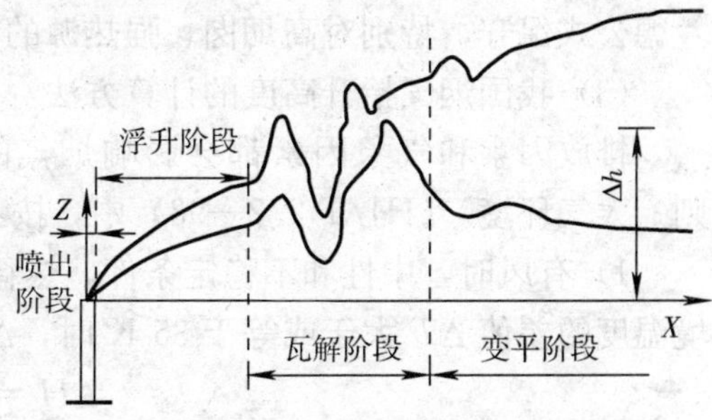

图 5—1　热烟流从烟囱中喷出示意图

（1）烟气的热释放率

选用抬升公式时首先需要考虑烟气的排放因素，计算出烟气的热释放率。烟气的热释放率是指单位时间内向环境释放的热量，即：

$$Q_h = C_p \Delta T Q_N \tag{5—15}$$

式中　ΔT——烟气温度与环境温度的差值；

Q_N——烟气折合成标准状态时的体积流量，nm^3/s；

C_P——标准状态下的定压热容［$C_P = 1.298$ kJ/(度·nm^3)］。

当烟气以实际出口温度 T_s 时的排烟流量 Q_v（m^3/s）表示时，热释放率的计算公式为：

$$Q_h = 3.5 P_a \frac{\Delta T}{T_s} Q_v \tag{5—16}$$

式中　P_a——大气压力，kPa。

（2）霍兰德（Holland）公式

由于影响烟流抬升的因素较多，烟流抬升问题变得十分复杂。到目前为止，国内外已提出的烟流抬升公式有数十个之多，还没有一个公式考虑了上述所有这些因素。大多数烟流抬升公式是半经验的，是在各自有限的观测资料基础上归纳出来的，所以具有局限性。在 30 多种计算公式中，应用较广适用于中性大气状况的是霍兰德（Holland）公式。

霍兰德采用了勒普由风洞实验得出的动力抬升公式，增加了浮力抬升项，利用三个发电厂烟流上升轨迹的照片进行了校核，于 1953 年得出中性条件适用的公式：

$$\Delta H = V_s D\left(1.5 + 2.7\frac{\Delta T}{T_s}D\right)\bar{u}^{-1}; \tag{5—17}$$

或

$$\Delta H = (1.5 V_s D + 0.01 Q_h)\,\bar{u}^{-1} \tag{5—18}$$

式中　Q_h——烟气热释放率，kJ/s；

V_s——排气筒出口处平均烟流速度，m/s；

D——排气筒出口处直径，m；

T_s——烟气出口温度，K；

$\bar{u}$——排气筒出口处平均风速，m/s；无实测值时，用 10 m 处平均风速 $\bar{u}_{10}$ 和风速廓线计算。

考虑到大气稳定度的影响，霍兰德建议：对不稳定大气，按上式计算出的 ΔH 再增大10%～20%，对稳定大气，按上式计算出的 ΔH 减小 10%～20%。国内外学者普遍认为霍兰德公式保守，特别对高烟囱、强热源的计算结果偏低。

(3) 我国烟气抬升高度的计算方法

排放因素和气象因素都会影响烟气的抬升高度，我国在《标准环境影响评价技术导则 大气环境》(HJ/T 2.2—93) 中，按不同情况指定选用相应的抬升公式。

1) 有风时，中性和不稳定条件，热释放率 Q_h 大于或等于 2 100 kJ/s，且烟气温度与环境温度的差值 ΔT 大于或等于 35 K 时，ΔH 采用下式计算：

$$\Delta H = n_0 Q_h^{n_1} H_s^{n_2} \bar{u}^{-1} \tag{5—19}$$

式中 n_0——烟气热状况及地表系数（见表 5—4）；

n_1——烟气热释放率指数（见表 5—4）；

n_2——排气筒高度指数（见表 5—4）；

Q_h——烟气热释放率，kJ/s；

H_s——排气筒距地面几何高度，m；超过 240 m 时，取 H_s＝240 m；

$\bar{u}$——排气筒出口处平均风速，m/s；无实测值时，用 10 m 处平均风速 $\bar{u}_{10}$ 和风速廓线计算。

可以看出这一情况使用的是布里吉斯公式。

表 5—4　n_0、n_1、n_2 的选取

Q_h（kJ/s）	地表状况（平原）	n_0	n_1	n_2
$Q_h \geqslant 21\ 000$	农村或城市远郊区	1.427	1/3	2/3
	城市及近郊区	1.303	1/3	2/3
$2\ 100 \leqslant Q_h < 21\ 000$ 且 $\Delta T \geqslant 35$ K	农村或城市远郊区	0.332	3/5	2/5
	城市及近郊区	0.292	3/5	2/5

2) 有风时，中性和不稳定条件，当热释放率 $Q_h \leqslant 1\ 700$ kJ/s，或者 $\Delta T < 35$ K 时，ΔH 采用下列计算：

$$\Delta H = (1.5 V_s D + 0.01 Q_h)) \bar{u}^{-1} \tag{5—20}$$

式中 V_s——排气筒出口处烟气排出速度，m/s；

D——排气筒出口直径，m；

$\bar{u}$——排气筒出口处平均风速（m/s）。

可以看出这一情况使用的是霍兰德公式。

3) 有风时，中性和不稳定条件，当 $1\ 700 < Q_h < 2\ 100$（kJ/s）时，ΔH 采用下式计算：

$$\Delta H = \Delta H_1 + (\Delta H_2 - \Delta H_1) \frac{Q_h - 1\ 700}{400} \tag{5—20}$$

$$\Delta H_1 = 2(1.5 V_s D + 0.01 Q_h) \bar{u}^{-1} - 0.048(Q_h - 1\ 700) \bar{u}^{-1} \tag{5—22}$$

4) 有风、稳定条件，按下式计算烟气抬升高度：

$$\Delta H = Q_h^{1/3}\left(\frac{dT_a}{dz}+0.0098\right)^{1/3}\bar{u}^{-1} \tag{5—23}$$

式中 $\frac{dT_a}{dz}$——垂直方向气温梯度，K/m；

0.009 8——干绝热直减率 γ_d 的取值，k/m。

5）静风和小风条件（定义：小风 1.5 m/s>$\bar{u}_{10}$≥0.5 m/s；静风 $\bar{u}_{10}$<0.5 m/s），按下式计算烟气抬升高度：

$$\Delta H = 5.50Q_h^{1/4}\left(\frac{dT_a}{dz}+0.0098\right)^{3/8} \tag{5—24}$$

式中符号同前，但$\frac{dT_a}{dz}$取值不宜小于 0.01 K/m。

按不同的排放、气象因素选用抬升公式情况汇总于表 5—5。

表 5—5　不同排放、气象因素选用抬升公式情况一览表

排放因素		气象因素		
Q_h（kJ/s）	ΔT（K）	有风，中性和不稳定条件（$\bar{u}_{10}$≥1.5 m/s）	有风，稳定条件（$\bar{u}_{10}$≥1.5 m/s）	小风、静风条件（$\bar{u}_{10}$<1.5 m/s）
≥2 100	≥35	$\Delta H = n_0 Q_h^{n_1} H_s^{n_2}\ \bar{u}^{-1}$，布里吉斯模式	$\Delta H= Q_h^{1/3}\left[\frac{dT_a}{dz}+0.0098\right]^{1/3}\bar{u}^{-1}$	$\Delta H= 5.50Q_h^{1/4}\left[\frac{dT_a}{dz}+0.0098\right]^{3/8}$
1 700～2 100	≥35	$\Delta H = \Delta H_1 +（\Delta H_2 - \Delta H_1）\frac{Q_h-170}{400}$，在霍兰德和布里吉斯模式间修正		
≤1 700	≥35	$\Delta H =（1.5V_s D + 0.01Q_h）\bar{u}^{-1}$，霍兰德模式	—	—
≤1 700	<35			

5.4.4 大气环境影响预测参数估算

高斯扩散公式的应用效果依赖于公式中的各个参数的准确程度，尤其是扩散参数 σ_y、σ_z 及烟流抬升高度 Δh 的估算。其中，平均风速 u 取多年观测的常规气象数据；源强 q 可以计算或测定，而 σ_y、σ_z 及 Δh 与气象条件和地面状况密切相关。

（1）大气稳定度

大气稳定度是指大气的稳定程度，反映大气湍流的强弱。我国采用修订的帕斯奎尔（Pasquill）稳定度分级法，由太阳高度角、总云量、低云量、风速确定大气稳定度，分为强不稳定、不稳定、弱不稳定、中性、较稳定和稳定六级。它们分别表示为 A、B、C、D、E、F。确定等级时首先根据云量与太阳高度角查出太阳辐射等级数，再根据太阳辐射等级数与地面风速查出稳定度等级。太阳辐射等级见表 5—6，大气稳定度等级见表 5—7。

表 5—6　　　　太阳辐射等级数

云量（1/10）	太阳辐射等级数				
总云量/低云量	夜间	$h_0 \leqslant 15°$	$15° < h_0 \leqslant 35°$	$35° < h_0 \leqslant 65°$	$h_0 > 65°$
（≤4）/（≤4）	22	21	+1	+2	+3
（5~7）/（≤4）	21	0	+1	+2	+3
（≥8）/（≤4）	21	0	0	+1	+1
（≥5）/（5~7）	0	0	0	0	+1
（≥8）/（≥8）	0	0	0	0	0

注：云量（全天空十分制）观测规则与中国气象局编订的《地面气象观测规范》相同。

表 5—7　　　　大气稳定度的等级

地面风速（m/s）	太阳辐射等级					
	+3	+2	+1	0	21	22
≤1.9	A	A~B	B	D	E	F
2~2.9	A~B	B	C	D	E	F
3~4.9	B	B~C	C	D	D	E
5~5.9	C	C~D	D	D	D	D
≥6	D	D	D	D	D	D

注：地面风速（m/s）指距地面 10 m 高度处 10 min 平均风速，如使用气象台（站）资料，其观测规则与中国气象局编订的《地面气象观测规范》相同。

太阳高度角 h_0 使用下式计算：

$$h_0=\arcsin[\sin\omega\ \sin\omega+\cos\omega+\cos\sigma\cos(15t+\lambda-300)] \tag{5—25}$$

式中 h_0——太阳高度角，deg；

ω——当地纬度，deg；

λ——当地经度，deg；

t——进行观测时的北京时间；

σ——太阳倾角，deg。

（2）大气混合层高度的确定

当大气稳定度为 A、B、C 和 D 时：

$$h = a_s U_{10}/f \tag{5—26}$$

当大气稳定度为 E、F 时：

$$h = b_s (U_{10}/f)^{1/2}$$

$$f = 2\Omega\sin\varphi \tag{5—27}$$

式中 h——混合层厚度（E、F 时指近地层厚度），m；

U_{10}——10 m 高度处平均风速，m/s；大于 6 m/s 时取为 6 m/s；

a_s、b_s——混合层系数（见表 5—8）；

f——地转参数；

Ω——地转角速度，取为 7.29×10^{-5} rad/s；

φ—地理纬度，deg。

表 5—8　　　　中国各地区 a_s、b_s 值

地区	a_s				b_s	
	A	B	C	D	E	F
新疆、西藏、青海	0.090	0.067	0.041	0.031	1.66	0.70
黑龙江、吉林、辽宁、内蒙、北京、天津、河北、河南、山东、山西、陕西、宁夏、甘肃、	0.073	0.060	0.041	0.019	1.66	0.70
上海、广东、广西、湖南、湖北、江苏、江西、浙江、安徽、海南、台湾、福建	0.056	0.029	0.020	0.012	1.66	0.70
云南、四川、贵州	0.073	0.048	0.031	0.022	1.66	0.70

5.4.5 大气环境影响预测内容

一、二级评价项目预测的主要内容包括以下各项：

(1) 短期平均浓度分布

短期平均浓度分布包括一次浓度和日平均浓度：

1) 不同稳定度盛行风向——下风向以及关心点位的地面浓度分布。

2) 不同稳定度及平均风速时的地面轴线最大浓度出现点距源的距离。

3) 不利气象条件（指熏烟状态以及对环境敏感区或关心点易造成严重污染的风向、风速、稳定度和混合层高度等条件，也可称典型气象条件）下的地面浓度分布，包括上部逆温、熏烟、静风、危险风速时的地面浓度分布。必要时说明其出现的频率和持续时间。

4) 事故排放的最大浓度和超标范围。

日平均浓度一般按典型日的气象条件进行计算。

(2) 长期平均浓度分布

长期平均浓度分布是指年、季、月的日平均浓度分布。预测需要应用相应的年、季、月的风向、风速、稳定度的联合频率。

对于三级评价，可根据当地环境及气象特点以及对气象资料的占有程度，适当减少预测内容。

5.5 大气环境影响评价

大气环境影响评价的基本任务是从保护环境的目的出发，通过调查、预测等手段，分析、判断建设项目在建设施工期和建成后生产期所排放的大气污染物对大气环境质量影响的程度和范围，为建设项目的厂址选择、污染源设置、制定大气污染防治措施以及其他有关的工程设计提供科学依据或指导性意见，使建设项目建成后对大气在环境质量的影响控制在大气环境质量标准容许的范围内。

5.5.1 大气环境影响评价的基本原则

（1）评价区各环境功能区是否满足相应的空气质量标准的要求，区域环境空气质量是否有容量。

（2）建设项目的现有、在建、拟建污染源是否满足达标排放要求。

（3）项目完成后，当地环境空气质量是否满足环境功能区的要求。

（4）建设项目的大气污染防治措施是否可行。

（5）从大气环境影响角度论证项目选址的可行性。

5.5.2 大气环境影响评价的工作程序

大气环境影响评价工作大致可分为三个阶段，见表5—9和如图5—2所示。

（1）前期工作阶段

主要工作是研究有关文件，进行初步的环境现状调查和工程分析，确定评价工作等级和范围，编制评价大纲并报批。目前，评价大纲的评审与报批已不作为评价工作的必要环节。

（2）主体工作阶段

依据经评审（必要时需经修改）并被批准的评价大纲进行，主要包括现状调查、影响预测和影响评价三部分，其中现状调查主要针对评价区大气污染源、污染气象条件和环境质量现状等三方面开展。

（3）报告书编制阶段

主要是总结工作成果，提出环境保护措施建议和要求，阐明评价结论，完成环境影响报告书大气环境影响部分（章节或专题）的编写。

工作程序的主要内容大体上可按“三三制”来理解和记忆，即准备、正式工作和编制报告书三个阶段；正式工作依次包含调查、预测和评价三大部分；调查主要包括污染源、气象条件和环境质量现状三个方面。

表5—9 大气环境影响评价工作程序

<table>
<tr><td rowspan="3">前期工作</td><td colspan="2">（1）进行初步的工程分析和环境现状调查</td></tr>
<tr><td colspan="2">（2）确定评价工作等级和范围</td></tr>
<tr><td colspan="2">（3）编制评价大纲、报批（如需要）</td></tr>
<tr><td rowspan="5">主体工作</td><td rowspan="3">（1）现状调查</td><td>①大气污染源</td></tr>
<tr><td>②污染气象</td></tr>
<tr><td>③环境质量状况</td></tr>
<tr><td colspan="2">（2）影响预测</td></tr>
<tr><td colspan="2">（3）影响评价</td></tr>
<tr><td rowspan="3">报告书编制</td><td colspan="2">（1）提出环境保护措施建议和要求</td></tr>
<tr><td colspan="2">（2）阐明评价结论</td></tr>
<tr><td colspan="2">（3）完成大气环境部分（章节或专题）的编写</td></tr>
</table>

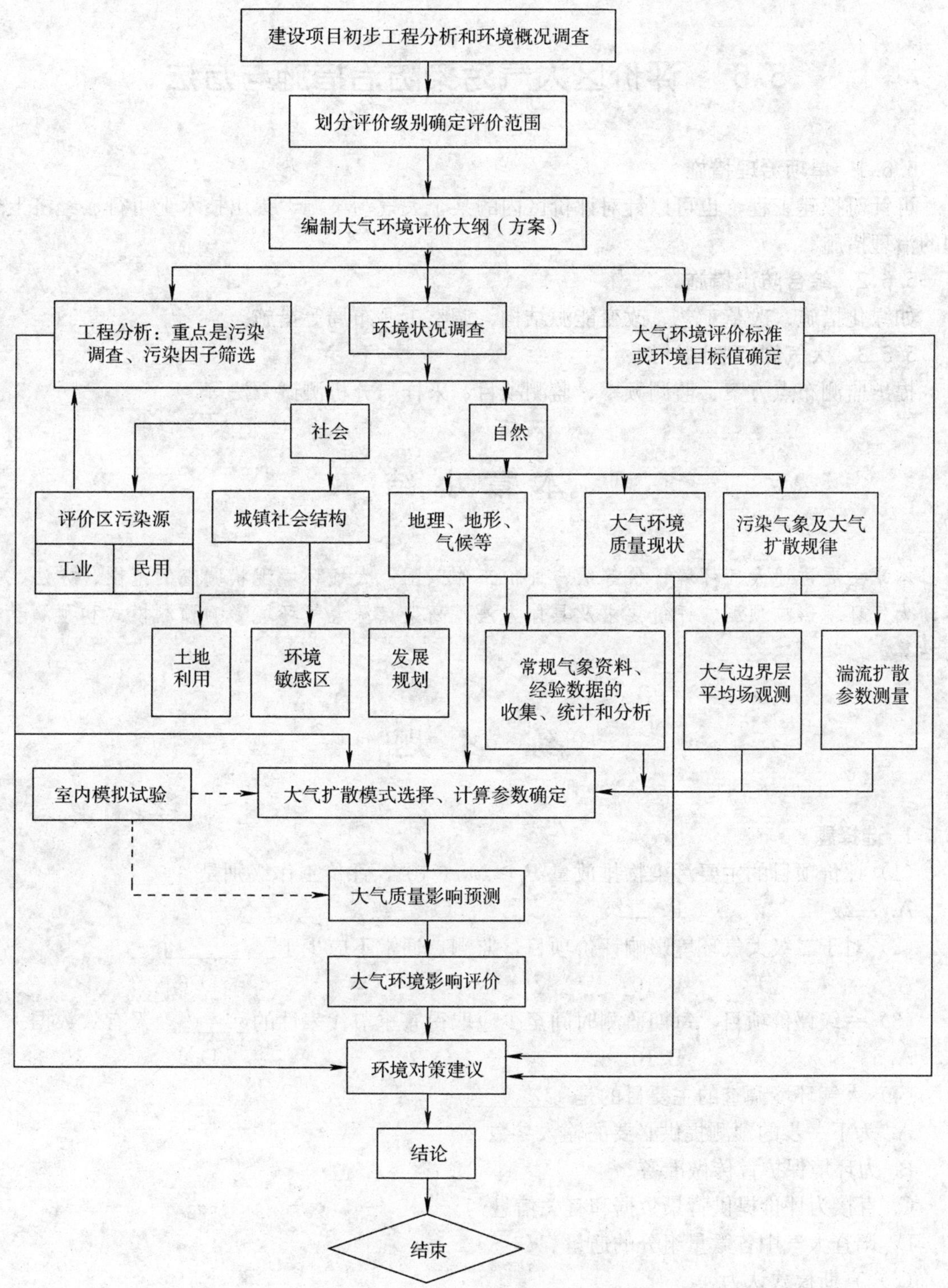

图 5—2　大气环境影响评价技术工作程序图

5.6 评价区大气污染防治措施与方法

5.6.1 单项治理措施

可针对拟建工程，也可以针对评价区内的某个大气污染源，提出技术上可行、经济上合理的治理措施。

5.6.2 综合防治措施

如绿化措施、改革工艺、改变能源结构、调整工业布局等措施。

5.6.3 大气例行监测计划

提出监测布点方案、监测频率、监测项目、采样与分析测试方法等。

本章小结

本章主要讲述大气环境评价等级与评价工作范围；大气环境现状调查的范围、方法、内容；大气环境影响预测、评价要求及具体方法；高架点源大气环境影响预测模式和预测参数的估算。

练习题

1 选择题

(1) 评价项目的主要污染物排放量 $P_i \geqslant 2.5 \times 10^9$，评价工作级别是________。

A. 一级　　B. 二级　　C. 三级

(2) 对于二级大气环境影响评价项目，监测点通常不应少于________个。

A. 5　　B. 10　　C. 3　　D. 6

(3) 一级评价项目，每期监测时间至少应取得有季节代表性的________天有效数据。

A. 5　　B. 10　　C. 3　　D. 6

(4) 大气环境调查的主要目的是________。

A. 为下一步的预测提供必要的输入参数

B. 为环境保护宣传做准备

C. 直接为评价提供背景数据和有关信息

D. 调查大气中各微量组分的通量

(5) 高斯模式认为________。

A. 污染物浓度在空间中每个断面按高斯分布

B. 在整个空间中，风速是均匀稳定的

C. 源强是连续均匀的

D. 在扩散过程中污染物质量是守恒的

（6）大气环境影响评价前期工作不包括________。

A. 进行初步的工程分析和环境现状调查

B. 确定评价等级和范围

C. 编制评价大纲

D. 环境影响预测

2. 填空题

（1）大气环境影响评价是对建设项目的________可行性论证。

（2）大气环境影响评价等级划分为________级。

（3）对于一、二、三级评价项目，大气环境影响评价范围的边长，一般分别不应小于________、________、________。

（4）污染源调查中的污染因子数一般不宜多于________个。

（5）一般把源高低于________、源强小于________的污染源列为面源。

（6）大气环境现状监测布点的方法有________、________、________、________、________五种。

（7）对于某一级评价项目，其大气监测点不应少于________个。

（8）大气稳定度分为________、________、________、________、________、________六级。

3. 判断题

（1）大气污染源调查应包括拟建项目污染源和评价区内工业及民用污染源。

（2）面源包括无组织排放和数量多、源强源高都不大的点源。

（3）连续点源烟流扩散公式适合于任何源强。

（4）连续线源的源强处处相等，但随时间变化。

（5）有效源的高度等于或低于烟囱高度。

（6）大气环境影响评价报告书必须提出环境保护建议和要求。

4. 简答题

（1）大气环境影响评价的评价等级是如何确定的？

（2）如何确定大气环境影响评价的工作范围？

（3）污染源调查的内容包括哪些？

（4）什么是大气环境影响预测的内容？

（5）说明高斯扩散模式适用于哪些条件。

（6）大气环境影响评价的基本原则是什么？

5. 计算题

（1）某炼油厂的排气筒高度为 50 m，平均排气筒的有效高度为 60 m，排放 SO_2 污染物的强度为 8×10^4 g/s，已知距地面 10 m 处的风速为 4 m/s，求大气稳定度为 D 级时正下风方向 500 m 处的 SO_2 浓度。

（2）阴天情况下，风向与公路垂直，平均风速为 4 m/s，最大交通量为 8 000 辆/h，车辆平均速度为 64 km/h，每辆车排放 CO 量为 8×10^{-2} g/s，求距公路下风向 300 m 处 CO 的浓度。

阅读材料 3

某建设项目环境空气影响预测与评价

一、工程概况

本工程废气排放主要来自热站循环硫化床锅炉，燃煤产生的 SO_2、NO_x、烟尘。

本工程拟建一台 35 t/h 的循环硫化床锅炉，基本情况见表 5—10。

表 5—10 工程基本情况

锅炉型号	耗煤量（kg/t）	设计煤种	本地煤
35 t/h	305	Sar=1.79% Q=22.04 MJ/kg Aar=31.05%	Sar=3～5 Aar>28%

二、区域常年气候特征

项目所在地区属亚热带湿润季风气候，寒暑变化明显，四季分明，春多寒潮阴雨，夏多暴雨、高温，秋伏易旱。

1. 地面风向风速

该区常年主导风向为北北东风，年频率 18%，除夏季多偏南风外，其他三季风向变化较少，各季风向频率见表 5—11，风频玫瑰图（略）。历年平均风速 2.6 m/s，见表 5—12，全年静风频率 18%。

表 5—11 风向频率 %

风向＼月份	一	四	七	十	全年
N	12	12	7	16	12
NNE	19	17	8	21	18
NE	8	6	4	6	7
EEN	3	2	2	3	3
E	3	3	2	1	3
EES	2	2	2	2	2
ES	3	6	5	4	5
SSE	5	8	9	4	6
S	6	8	13	4	7

续表

风向＼月份	一	四	七	十	全年
SSW	5	6	19	3	7
WSW	1	1	1	1	1
SW	3	3	8	2	3
W	2	1	1	1	2
WNW	1	0	1	1	2
NW	2	2	2	3	2
NNW	3	3	3	4	3
C	20	19	11	24	18

表 5—12 平均风速 m/s

月份	一	二	三	四	五	六	七	八	九	十	十一	十二	全年
风速	2.5	2.7	2.8	2.8	2.5	2.5	3.0	2.8	2.6	2.3	2.4	2.5	2.6

2. 风速高度指数

根据该地区低空测风成果，其不同大气稳定度下的 P 值见表 5—13。

表 5—13 不同大气稳定度下的 P 值

稳定度类型	A	B	C	D	E、F
P 值	0.07	0.07	0.10	0.15	0.25

3. 大气稳定度

根据区域调查，该区大气稳定度出现的频率以 D 类为主，E、F 类次之，详见表 5—14。

表 5—14 大气稳定度频率 %

稳定度	A	A～B	B	B～C	C	C～D	D	E	F
冬季	0	0.91	4.81	1.03	6.02	0.26	50.82	18.81	17.42
夏季	0.98	2.39	8.77	3.54	10.60	1.10	39.16	18.38	15.03
全年	0.33	1.64	6.87	2.60	8.22	0.75	47.26	17.69	14.76

4. 逆温特征

该地区逆温以辐射逆温为主，发生在晴天的夜晚，第二天日出后逐渐消失，逆温厚度一般为 50～150 m，强度多在（0～3℃）/100 m 之间，属弱逆温。

5. 混合层高度

工程区不同稳定度下的混合层高度见表 5—15。

表 5—15　工程区不同稳定度下的混合层高度　m

稳定度	A	B	C	D	E	F
混合层高度	2 015	1 044	720	432	315	133

三、预测因子与内容

（1）预测因子：SO_2、烟尘。

（2）预测范围：以芒硝生产厂锅炉烟囱为中心的 6 km×6 km。

（3）预测内容：一般气象条件下预测因子的地面影响浓度；不利气象条件预测因子的地面影响浓度；主要关心（敏感）点的预测影响浓度及与背景值叠加的影响浓度；一般和不利气象条件下风险排放预测因子的地面影响浓度。

（4）污染源强和排入参数（见表 5—16 和表 5—17）。

表 5—16　废气污染源排入参数

污染源	烟气量（m^3/s）	烟温（℃）	源高（m）	口径（m）	源强（mg/s）	
					SO_2	烟尘
锅炉烟囱	17.8	150	60	1.8	10 177.78	3 311.11

表 5—17　风险源强设定值表

污染物名称	SO_2		烟尘			
燃煤含硫量（%）	1.79	3.0	—	—	—	—
脱硫除尘效率（%）	50	30	70	95	80	60
风险源强（mg/s）	16 962.79	23 748.15	17 055.56	9 197.53	36 970.11	73 580.22

四、预测模式

1. 预测模式

采用《环境影响评价技术导则　大气环境》（HJ/T2.2—93）推荐模式（略）。

2. 烟气抬升高度公式

本项目锅炉烟气热释放率为 29 368.7 kJ/s，且烟气温度与环境温度差值大于 35 K，其烟气抬升高度公式选取如下：

（1）有风时中性和不稳定条件下烟气抬升高度计算公式为：

$$\Delta H = n_0 Q_h^{n_1} H^{n_2} / u$$

$$Q_h = 0.35\ p_n Q_v \frac{\Delta T}{T}$$

$$\Delta T = T_s - T_a$$

（2）有风时，稳定条件下的烟气抬升高度计算公式为：

$$\Delta H = Q_h^{1/3} \left(\frac{dT_a}{dz} + 0.009\ 8 \right)^{1/3} \bar{u}^{-1}$$

（3）小风、静风时的烟气抬升高度计算公式为：

$$\Delta H=5.50Q_h^{1/4}\left(\frac{dT_a}{dz}+0.0098\right)^{3/8}$$

式中 $\frac{dT_a}{dz}$——排放源高度以上环境温度垂直变化率，K/m。

五、污染物浓度预测与评价

根据选用的大气污染物扩散模式和本工程排放参数，结合工程地区的风频、风速、气温和大气稳定类型频率等气象条件，作出工程正常和风险性排放 SO_2 和烟尘时对区域地面影响浓度预测。

1. 一般气象条件下污染物浓度影响预测

由预测结果可知，一般气象条件下，锅炉烟囱排放的 SO_2 和烟尘在下风向地面的小时浓度和日均浓度均不超过评价标准，小时最大落地浓度分别为：SO_2：0.056 6 mg/m³；烟尘：0.013 5 mg/m³；出现在大气不稳定类型条件下，距源 677 m 处。

SO_2 地面浓度大于 0.03 mg/m³ 的影响范围为距离 400 m 外，长约 1 600 m，宽约400 m 所围成的椭圆形区域。

最大日均浓度为：SO_2：0.015 mg/m³；烟尘：0.005 mg/m³；分别为评价标准值的 10.0%和 1.7%，全年受工程污染影响相对较大的方位是 SSW 向，夏季为 NW－N－NE 方位。

正常排放条件下，各点的 SO_2 和 TSP 日均浓度均不超过评价标准，均为评价标准值的 50%～90%。各点的 TSP 浓度仍以现状值影响为主，占 94%左右；SO_2 浓度工程影响值与现状值影响比约为 2∶3。

2. 不利气象条件下污染物浓度影响预测

由预测结果可见，不利气象条件（逆温和微风）下，锅炉烟囱排放的 SO_2 小风静风时其最大落地浓度为 0.052 mg/m³，不超标；熏烟型污染时，最大落地浓度达到 1.556 mg/m³，超标达 2.1 倍，出现在距源 20 m 处，熏烟型污染时的超标影响范围为源 100 m 以内的区域，主要影响厂区环境。该污染发生在贴地逆温消退时，通常仅持续数十分钟，但一旦发生，对紧邻厂区的居民影响较大。

锅炉烟囱排放的烟尘，熏烟时最大落地浓度为 0.506 mg/m³，小风静风时约为 0.008 mg/m³，不超标。

3. 风险性排放污染物浓度预测

由预测结果可见（见表 5—18 和表 5—19），当工程燃煤烟气脱硫效率分别下降至 50%和 30%时，烟气中的 SO_2 在一般气象条件下下风向地面最大落地浓度分别为 0.05 mg/m³ 和 0.132 mg/m³，分别为评价标准的 19%和 26%，不超标，但与区域现状值叠加后将在向阳村 13 组区域，即距源 1 000 m 左右区域范围造成超标影响。对环境空气的污染明显加重。当燃煤含硫量达 3%时，本工程排放的 SO_2 预测浓度不超标，但与区域现状值叠加后，亦可造成距源 500～1 500 m 范围内的向阳村 9 组和 13 组区域地面浓度超标。对评价区域地面 SO_2 浓度贡献的相对密度可达 50%以上。

熏烟型条件下，燃煤含硫量增至 3%或脱硫效率下降至 50%时，区域地面 SO_2 浓度的超标影响可达距源 200 m 范围内，最大超标倍数达 4.2 倍。因此，工程建设严禁使用含硫量大于 1.8%以上的燃煤，并确保工程设施脱硫效率达到工程设计的脱硫效率，即 70%。

当锅炉烟气除尘设施效率下降至 80%时，工程影响值与现状值叠加后，可造成向阳村 7 组、13 组区域地面 TSP 浓度超标。熏烟条件时，最大落地浓度可达 1.41～5.63 mg/m³，对下风向地面距离源 200 m 范围内区域污染严重。因此，工程除尘设施应保持最佳工作状况，同时对燃煤灰分含量控制在 30%以下。

表 5—18　锅炉排放 SO_2 和烟尘最大落地浓度及距离

污染物名称	SO_2			烟尘		
大气稳定度	B	D	E	B	D	E
C_{max}（mg/m³）	0.056 6	0.048 4	0.026 5	0.013 5	0.011 5	0.006 4
X_{max}（m）	676.8	676.8	1086.1	2 577.6	676.8	1 086.1
2 577.6 超标范围（m）	0	0	0	0	0	0

表 5—19　各关心点 SO_2 和烟尘浓度预测　mg/m³

污染物名称	预测点	现状取值	正常排放		风险排放			
			工程影响值	与现状叠加值	$S^*=3\%$，$\eta_{尘}=95\%$		$\eta_{SO_2}=50\%$，$\eta_{尘}=80\%$	
SO_2	向阳村 2 组	0.050	0.044	0.094	0.074	0.124	0.073	0.123
	向阳村 9 组	0.068	0.044	0.112	0.074	0.142	0.073	0.141
	向阳村 13 组	0.083	0.048	0.131	0.080	0.163	0.079	0.162
	向阳村 7 组	0.054	0.031	0.085	0.053	0.107	0.052	0.106
TSP	向阳村 2 组	0.155	0.011	0.166	0.029	0.184	0.118	0.273
	向阳村 9 组	0.131	0.011	0.135	0.029	0.153	0.118	0.242
	向阳村 13 组	0.189	0.012	0.201	0.032	0.221	0.129	0.318
	向阳村 7 组	0.266	0.008	0.274	0.021	0.287	0.083	0.349

注：S^*——燃煤含硫量，本表该煤种只限于该栏的 SO_2 预测，工程设计脱硫效率仍按 70%。

η——脱硫或除尘效率。

六、工程锅炉有效排烟高度的确定及烟囱几何高度的论证

根据选择的烟气抬升高度模式，结合工程及区域气象参数，计算出本工程锅炉烟囱烟气抬升高度，见表 5—20。

表 5—20　本工程锅炉烟囱在不同条件下的烟气抬升高度

风速与稳定度 / 几何高度（m）	平均风速			静风
	B	D	E	
60	36.2	31.4	28.9	159.2
80	39.5	34.2	28.9	159.2
100	42.3	36.2	28.9	159.2

采用污染物排放率限值公式（略）对锅炉有效排烟高度进行验证。

根据工程所在地和环境空气质量区域类别（二类功能区），本项目 P_c 值约在 7.5～15 之间。工程用煤按本工程设计煤种和本地煤（含硫 4.5%）两种情况，并取工程锅炉烟气脱硫效率为 50%时的 SO_2 风险排放源强，按上式推得两用煤情况下的锅炉烟囱有效排烟高度分别为 64～90 m 和 101～143 m。与本工程锅炉烟囱不同几何高度及有效排放源高相比较，所得结果见表 5—21，对下风向地面的 SO_2 影响浓度见表 5—22。

由表 5—21 和表 5—22 可见，工程锅炉正常排放 SO_2 和烟尘，以下风向地面贡献值预测来看，除熏烟型污染时距烟囱 100 m 范围内有 SO_2 超标影响，最大超标数约 2.1 倍外，其他情况下，SO_2 和烟尘均不产生超标影响，即使工程影响值与区域现状值叠加后，工程区域环境空气质量亦可达到《环境空气质量标准》（GB 3095—1996）二级标准要求；而熏烟型污染发生在逆温消退时段，通常只持续半小时左右，污染影响非常短暂。

而由表 5—22 可见，工程在使用设计煤种的情况下，采用 60 m 高烟囱，并在脱硫效率下降至 50%时，其有效排放源高可达到环境保护要求，SO_2 的排放对下风地面不会造成超标影响。但在使用本地煤时，烟囱几何高度需在 100 m 以上，方可基本达到环境保护要求。

综上所述，本工程烟囱设计为 60 m 高，在使用本工程设计煤种（含硫 1.79%）情况下基本可满足环境保护要求，若改用本地煤，（含硫 4.5%），烟囱几何高度不得低于 100 m。

表 5—21　　工程锅炉烟囱几何高度验证结果

煤种	含硫量（%）	烟囱高度（m）	有效源高（m）	安全源高（m）	达要求否
设计煤种	1.79	60	89～96	64～90	是
本地煤	4.5	80	109～120	102～143	否
		100	129～143	102～143	是

表 5—22　　不同煤种在不同烟囱高度和气象条件下排放 SO_2 的地面影响浓度预测

煤种	含硫量（%）	烟囱高度（m）	一般气象条件		熏烟（逆温）	
			最大落地浓度（mg/m^3）	最大超标倍数	最大落地浓度（mg/m^3）	超标范围（m）
设计煤种	1.79	60	0.094 3	—	2.592 3	0～180
		80	0.093 7	—	1.832 9	0～140
		100	0.093 3	—	1.353 7	0～110
本地煤	4.5	60	0.237 2	0.58	6.516 1	0～400
		80	0.159 4	0.58	4.607 4	0～360
		100	0.115 7	—	3.402 7	0～320
评价标准（GB 3095—1996）二级			0.15		0.560	

注：烟气脱硫效率按 50%计。

6 水环境影响评价

本章学习目标

1. 了解水环境影响评价等级、任务；
2. 熟悉水环境现状调查的范围、方法、内容；
3. 掌握水环境影响预测、评价要求及具体方法；
4. 掌握水环境影响预测模型和预测参数的估算。

6.1 水环境影响评价等级的确定

6.1.1 评价等级的划分

在《环境影响评价技术导则 地面水环境》（HJ/T 2.3—93）中，水环境质量评价等级的划分是根据下列条件进行的：建设项目的污水排放量、污水水质的复杂程度、各种受纳污水水域的规模以及对水质的要求。地表水环境影响评价分为三级，不同级别的评价工作要求不同，一级评价项目要求最高，二级次之，三级较低。对于地面水体的大小规模，河流与河口按建设项目排污口附近河段的多年平均流量或平水期平均流量划分，湖泊和水库按枯水期湖泊或水库的平均水深以及水面面积划分。地面水分级依据见表 6—1。地面水分级判断依据见表 6—2。

表 6—1　**地面水分级依据表**

<table>
<tr><th>项　目</th><th colspan="3">名　称</th><th colspan="2">说　明</th></tr>
<tr><td rowspan="4">污染物类型</td><td colspan="3">持久性污染物</td><td colspan="2">包括在环境中难降解、毒性大、易长期积累的有毒物质如 Cu、Pb、Zn、Cd 等</td></tr>
<tr><td colspan="3">非持久性污染物</td><td colspan="2">如易降解有机物，挥发酚等</td></tr>
<tr><td colspan="3">酸和碱</td><td colspan="2">以 pH 值表示</td></tr>
<tr><td colspan="3">热污染</td><td colspan="2">以温度表示</td></tr>
<tr><td rowspan="3">污水水质的复杂程度</td><td colspan="3">复杂</td><td colspan="2">污染物类型数≥3，或只含两类污染物，但需预测其浓度的水质参数数目≥10</td></tr>
<tr><td colspan="3">中等</td><td colspan="2">污染物类型数=2，且需预测其浓度的水质参数数目<10，或只含一类污染物，但需预测其浓度的水质参数数目≥7</td></tr>
<tr><td colspan="3">简单</td><td colspan="2">污染物类型数=1，需预测其浓度的水质参数数目<7</td></tr>
<tr><td rowspan="9">水域的规模</td><td rowspan="3">河流与河口</td><td colspan="2">大河</td><td colspan="2">流量≥150 m^3/s</td></tr>
<tr><td colspan="2">中河</td><td colspan="2">流量为 15～150 m^3/s</td></tr>
<tr><td colspan="2">小河</td><td colspan="2">流量<15 m^3/s</td></tr>
<tr><td rowspan="6">湖泊与水库</td><td rowspan="3">当平均水深≥10 m 时</td><td></td><td>大湖（库）</td><td>水面面积≥25 km^2</td></tr>
<tr><td></td><td>中湖（库）</td><td>水面面积为 2.5～25 km^2</td></tr>
<tr><td></td><td>小湖（库）</td><td>水面面积<2.5 km^2</td></tr>
<tr><td rowspan="3">当平均水深<10 m 时</td><td></td><td>大湖（库）</td><td>水面面积≥50 km^2</td></tr>
<tr><td></td><td>中湖（库）</td><td>水面面积为 5～50 km^2</td></tr>
<tr><td></td><td>小湖（库）</td><td>水面面积<5 km^2</td></tr>
</table>

表 6—2　**地面水环境影响评价分级判断依据**

<table>
<tr><th rowspan="2">建设项目污水排放量（m^3/s）</th><th rowspan="2">建设项目污水水质的复杂程度</th><th colspan="2">一级</th><th colspan="2">二级</th><th colspan="2">二级</th></tr>
<tr><th>地面水域规模（大小规模）</th><th>地面水水质要求（水质类别）</th><th>地面水域规模（大小规模）</th><th>地面水水质要求（水质类别）</th><th>地面水域规模（大小规模）</th><th>地面水水质要求（水质类别）</th></tr>
<tr><td rowspan="3">≥20 000</td><td>复杂</td><td>大
中、小</td><td>Ⅰ～Ⅲ
Ⅰ～Ⅳ</td><td>大
中、小</td><td>Ⅳ、Ⅴ
Ⅴ</td><td>—</td><td>—</td></tr>
<tr><td>中等</td><td>大
中、小</td><td>Ⅰ～Ⅲ
Ⅰ～Ⅳ</td><td>大
中、小</td><td>Ⅳ、Ⅴ
Ⅴ</td><td>—</td><td>—</td></tr>
<tr><td>简单</td><td>大
中、小</td><td>Ⅰ、Ⅱ
Ⅰ～Ⅲ</td><td>大
中、小</td><td>Ⅲ～Ⅴ
Ⅳ、Ⅴ</td><td>—</td><td>—</td></tr>
</table>

续表

建设项目污水排放量（m³/s）	建设项目污水水质的复杂程度	一级		二级		二级	
		地面水域规模（大小规模）	地面水水质要求（水质类别）	地面水域规模（大小规模）	地面水水质要求（水质类别）	地面水域规模（大小规模）	地面水水质要求（水质类别）
<20 000 ≥10 000	复杂	大 中、小	Ⅰ～Ⅲ Ⅰ～Ⅳ	大 中、小	Ⅳ、Ⅴ Ⅴ	—	—
	中等	大 中、小	Ⅰ、Ⅱ Ⅰ、Ⅱ	大 中、小	Ⅲ、Ⅳ Ⅲ～Ⅴ	大	Ⅴ
	简单	中、小	Ⅰ	大 中、小	Ⅰ～Ⅲ Ⅱ～Ⅳ	大 中、小	Ⅳ、Ⅴ Ⅴ
<10 000 ≥5 000	复杂	大、中 小	Ⅰ、Ⅱ Ⅰ、Ⅱ	大、中 小	Ⅲ、Ⅳ Ⅲ、Ⅳ	大、中 小	Ⅴ Ⅴ
	中等	小	Ⅰ	大、中 小	Ⅰ～Ⅲ Ⅱ～Ⅳ	大、中 小	Ⅳ、Ⅴ Ⅴ
	简单	—	—	大、中 小	Ⅰ、Ⅱ Ⅰ～Ⅲ	大、中 小	Ⅲ～Ⅴ Ⅳ、Ⅴ
<5 000 ≥1 000	复杂	小	Ⅰ	大、中 小	Ⅰ～Ⅲ Ⅱ～Ⅳ	大、中 小	Ⅳ、Ⅴ Ⅴ
	中等	—	—	大、中 小	Ⅰ、Ⅱ Ⅰ～Ⅲ	大、中 小	Ⅲ～Ⅴ Ⅳ、Ⅴ
	简单	—	—	小	Ⅰ	大、中 小	Ⅰ～Ⅳ Ⅱ～Ⅴ
<1 000 ≥200	复杂	—	—	—	—	大、中 小	Ⅰ～Ⅳ Ⅰ～Ⅴ
	中等	—	—	—	—	大、中 小	Ⅰ～Ⅳ Ⅰ～Ⅴ
	简单	—	—	—	—	中、小	Ⅰ～Ⅳ

6.1.2 评价标准

河流、湖泊等地表水环境影响评价的主要依据是国家的有关法规和标准。

(1)《地表水环境质量标准》(GB 3838—2002)

该标准是为贯彻《环境保护法》和《水污染防治法》，控制水污染、保护水资源制定的。该标准适用于我国领域内江、河、湖泊、水库等，它将水域主要功能按使用目的和保护目标划分为以下五类：

Ⅰ类：主要适用于源头水、国家自然保护区。

Ⅱ类：主要适用于集中式生活饮用水地表水源地一级保护区、珍稀水生生物栖息地、鱼虾类产卵场、仔稚幼鱼的索饵场等。

Ⅲ类：主要适用于集中式生活饮用水地表水源地二级保护区、鱼虾类越冬场、洄游通道、水产养殖区等渔业水域及游泳区。

Ⅳ类：主要适用于一般工业用水区及人体非直接接触的娱乐用水区。

Ⅴ类：主要适用于农业用水区及一般景观要求水域。

对应地表水上述五类水域功能，将地表水环境质量标准基本项目标准值分为五类，不同功能类别分别执行相应类别的标准值。同一水域兼有多类别的，依最高类别功能划分。有季节性功能的，可分季划分类别。

(2)《工业企业设计卫生标准》(GBZ 1—2002)

对于 GB 3838—2002 中未规定的污染物（参数），应按此标准中“地面水中有害物质最高允许浓度”的要求执行。如果该标准也没有，则经过论证后可采用 ISO 国际标准化组织颁布的标准或外国标准。

(3)《污水综合排放标准》(GB 8978—2002)

在进行项目的工程分析时，常用到污水综合排放标准。它是控制水污染，保护江河、湖泊、运河、渠道、水库和海洋等地表水及地下水水质的良好状态，保持人体健康、维护生态平衡，促进国民经济和城乡建设的发展而制定的。本标准适用于现有单位水污染物排放管理，以及建设项目的环境影响评价、建设项目环境保护设施设计、竣工验收及其投产后的排放管理。

6.1.3 评价工作程序

地表水环境影响评价的技术工作程序可分为四个阶段：第一阶段为准备阶段，包括了解工程设计、现场勘察、了解环境法规和标准的规定、确定评价级别和评价范围、编制环境影响评价工作大纲，在这阶段还要做一些环境现状调查和工程分析方面的工作；第二阶段是评价工作的重头，详细开展水环境现状调查和监测，做仔细的工程分析，在此基础上评价水环境现状；第三阶段根据水环境排放源特征，选择或建立和验证水质模型，预测拟议行动对水体的污染影响，并对影响的意义及其重大性作出评价，并且研究相应的污染防范对策；第四阶段是提出污染防治和水体保护对策，总结工作成果，完成报告书，为项目监测和事后评价做准备。地表水环境影响评价的技术工作程序如图 6—1 所示。

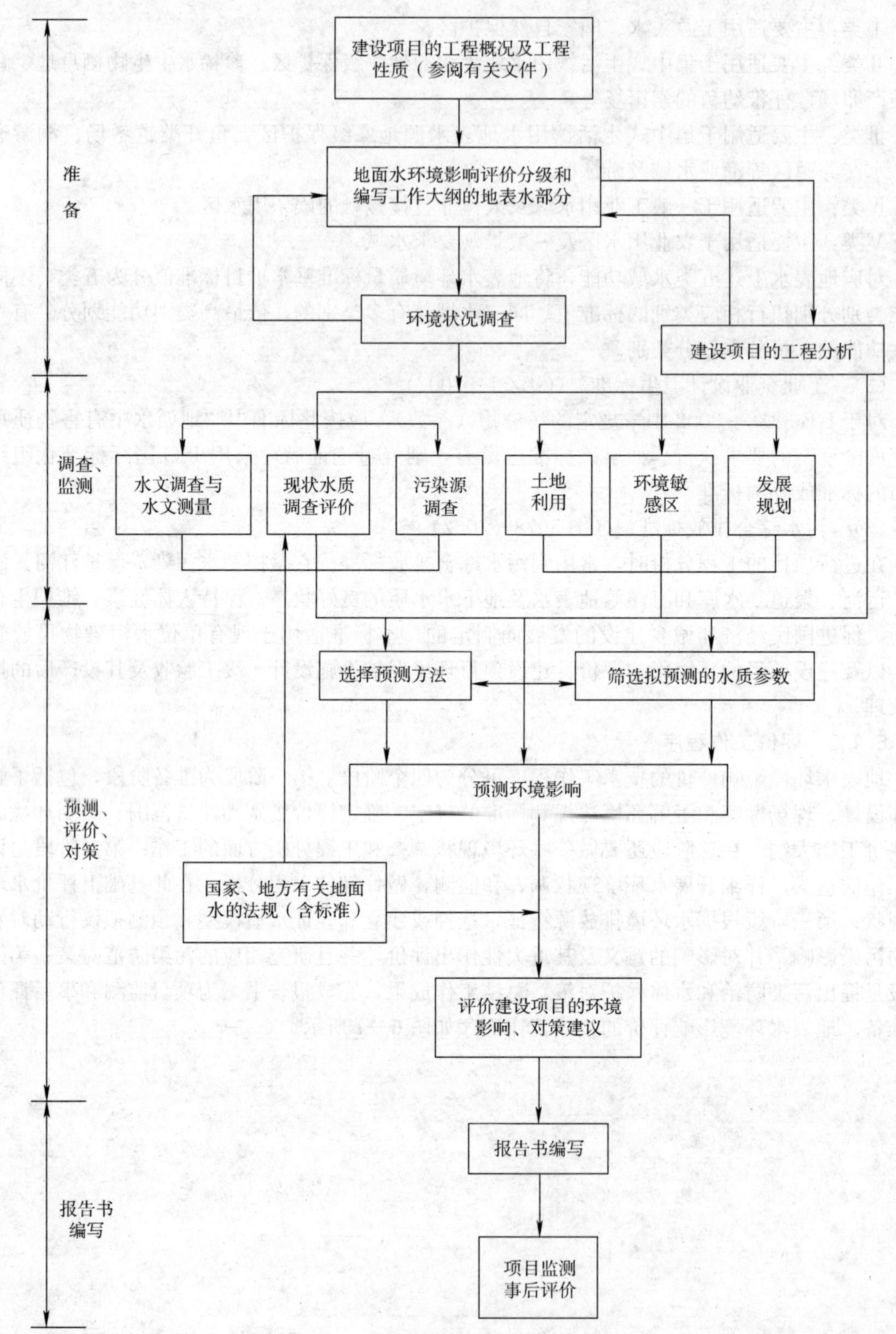

图 6—1　地表水环境影响评价的工作程序

6.2 水环境现状调查

6.2.1 水环境现状监测

水环境现状监测目的是了解拟建项目所在区域和相关区域的水环境质量状况，了解区域水环境特点和环境敏感目标，为预测模型的选择提供依据和获取基础数据，决定评价的主要方向和重点。

(1) 水环境现状监测调查范围

确定河流与湖、库水质影响评价的监测范围应考虑以下因素：

1) 必须包括建设项目对地面水环境影响比较明显的区域，在一般情况下应考虑到污染物排入水体后可能超标的范围。在此区域内进行的调查，其结果应能全面说明与地表水有关的基本环境状况，并能充分满足环境影响预测的要求。

2) 各类水域的环境监测范围，可根据污水排放量与水域规模，并参考水环境影响评价的规定确定。

3) 如下游河段附近有敏感区（如水库、水源地、旅游区等），则监测范围应延长到敏感区上游边界，以满足全面预测地表水环境影响的需要。

在确定某项具体工程的地表水环境调查范围时，应尽量按照将来污染物排放后可能的达标范围，同时考虑评价的高低（评价等级高时可取调查范围略大，反之可略小）后决定。

(2) 水环境现状监测调查内容

1) 水域功能和水环境敏感目标调查

调查水环境功能区划和水功能区划的划定及审批，没有划定功能区的，调查水域的实际功能。调查水环境敏感目标的分布、类型、保护级别和保护要求。

2) 水文调查。一般情况下，以收集资料为主。以河流为例，根据评价等级与河流的规模决定工作内容，主要有以下六个方面：

①丰水期、平水期、枯水期的划分。

②河流的水文特征参数：河宽 B、水深 H、流速 u、流量 Q、坡度（比降）J 和弯曲系数（弯曲系数≤1.3可视为顺直河流）等。

③水温、泥沙含量等。

④丰水期有无分流漫滩，枯水期有无浅滩、沙洲和断流。

⑤有无冰封期以及冰封时间、解冻时间。

⑥预测所需要的其他资料。

如采用数学模型预测时，其具体调查内容应根据评价等级及河流规模按照模式及参数的需要决定。

3) 现有污染源调查。受纳或受到拟建项目影响的水体可能已受到其他污染源的污染，在开展拟建项目评价前，应掌握评价水域受纳已有污染源排放的污染物种类及数量，作为估计拟建项目对水域污染的分担率以及评价工作依据。其他污染源，包括各种点源和非点源，可通过搜集资料和实际监测、调查取得其排放量。

①点源调查

调查的原则：点源调查的频繁程度可根据评价等级及其与建设项目的关系而略有不同。如评价级别高且现有污染源与建设项目距离较近时，应详细调查。

调查的内容：根据评价工作的需要，选择下述全部或部分内容进行调查。主要包括点源的排放特点、排放数据、用排水情况、废水和污水处理状况等。

②非点源调查

调查的原则：非点源调查基本上采用搜集资料的方法，一般不进行实测。

调查的内容：根据评价工作的需要，选择下述全部或部分内容进行调查。包括工业类非点源污染源（原料、燃料、废弃物的堆放位置、堆放面积、堆放形式、堆放点的地面铺装及其保洁程度、堆放物的遮盖方式、排放方式、排放去向与处理情况等）、其他非点源污染源。

③污染源采样分析方法。按照《污水综合排放标准》(GB 8978—1996）的规定执行。

④污染源资料的整理与分析。对收集或实测的污染源资料进行检查，找出相互矛盾和错误之处，并予以更正。尽量填补资料中的缺漏。将这些资料按污染源排入地面水的顺序及水质参数的种类列成表格，根据受纳水体的功能要求与水文条件变化来分析其接纳的主要污染源和主要污染物。

（3）水质监测项目

水环境影响评价所需监测的水质参数应包括反映评价水域水质一般状况的常规水质参数、代表建设项目将来所排水水质的特征水质参数以及评价水域的敏感参数。

1）常规水质参数：以《国家标准地面水环境质量标准》(GB 3838—2002）中所列的水温、pH 值、溶解氧、高锰酸钾指数或化学耗氧量、五日生化需氧量、非离子氨、氰化物、砷、汞、酚、六价铬、总磷、总氮等参数，根据水域类别、评价等级及污染源状况适当增减。

2）建设项目特征水污染参数：可根据建设项目特点、水域类别、评价等级以及建设项目所属行业的特征水质参数进行选择。

3）敏感水质参数：指受纳水域敏感的或曾出现过超标而要求控制的污染参数。

（4）监测断面和采样点布设

在这里主要介绍河流监测断面和采样点的布设情况。

1）断面的布设。布设在评价河段上的断面应包括对照断面、消减断面和控制断面。

①对照断面：应设在评价河段上游的一端（排污口上游 100～500 m 处）、基本不受建设项目排水影响的位置，以掌握评价河段的背景水质情况；

②消减断面：应设在排污口下游污染物浓度变化比较显著的完全混合段，以了解河流中污染物的稀释、净化和衰减情况；

③控制断面：应设在评价河段的末端或评价河段内有控制意义的位置，诸如支流汇入、建设项目以外的其他废水排放口、工农业用水取水点、地球化学异常的水土流失区、水工构筑物和水文站所在位置等。

消减断面和控制断面的数量可根据评价等级、污染物的迁移转化规律、河流流量和水力特征、河流的环境条件等情况确定。

以上断面应尽可能设在河流顺直、河床稳定、无急流浅滩处，应为非滞水区，并且是废水与河水混合比较均匀的河段。

2）采样点的确定。江、河水系的水面宽度是不尽相同的。当布设了监测断面后，还应该根据各水面的宽度来合理布设监测断面上的采样垂线，据此可进一步确定采样点位置和数量。对于江、河水体，在任何一个监测断面上布设的采样垂线数和相应垂线上的采样点数应符合表 6—3 和表 6—4。

表 6—3　　采样垂线数的确定

水面宽（m）	垂线数	说　明
≤50	一条（中泓）	1. 垂线布设应该避开污染带，要测污染带应另加垂线
50～100	两条（近左、右岸有明显水流处）	2. 确能证明该断面水质均匀时，可仅设中泓垂线
＞100	三条（左、中、右各一条）	3. 凡在该监测断面要计算污染物通量时，必须按本表设置垂线

表 6—4　　采样垂线上的采样点数的确定

<table>
<tr><th>水深（m）</th><th>采样点数</th><th>说　明</th></tr>
<tr><td>≤50</td><td>上层一点</td><td rowspan="3">1. 上层指水面下 0.5 m 处，水深不到 0.5 m 时，在水深 1/2 处
2. 下层指河底以上 0.5 m 处
3. 中层指 1/2 水深处
4. 冰封时在冰下 0.5 m 处采样，水深不到 0.5 m 时，在水深 1/2 处
5. 凡在该断面要计算污染物通量时，必须按本表布设采样点</td></tr>
<tr><td>5～10</td><td>上、下层两点</td></tr>
<tr><td>＞10</td><td>上、中、下三层三点</td></tr>
</table>

对于水量大、水深流急且河面宽大于 100 m 的较大河流来说，至少应设三条采样垂线，中线应设在除去河流两岸浅滩部分后的中间位置，左右两条垂线应布设于由中线至岸边的中间部分。

（5）调查时间频次

根据当地的水文资料初步确定河流、河口、湖泊、水库的丰水期、平水期和枯水期，同时确定最能代表这三个时期的季节或月份。对于海湾，应确定评价期间的大潮期和小潮期。

评价等级不同，对各类水域调查时期的要求也不同。当调查区域面源污染严重，丰水期水质劣于枯水期时，一、二级评价的各类水域应调查丰水期，若时间允许，三级评价也应调查丰水期。

以河流为例：河流一般分为丰水期、平水期和枯水期，调查时间应选择在代表水期的典型月份进行，评价级别越高，所要求的代表性越强。

一级评价：三个水期都要调查，如时间不够至少要调查平水期和枯水期。

二级评价：一般情况下可调查平水期和枯水期，如时间不够至少要调查枯水期。

三级评价：可以只调查枯水期。

6.2.2 水环境现状评价方法

水质现状评价常采用指数法。

(1) 评价标准

地面水的评价标准应采用国家标准或相应地方标准；国内尚无标准规定的水质参数可参考国外标准或采用经行政主管部门批准的临时标准。评价区内不同功能的水域应采用不同类别的水质标准。

(2) 水质参数的取值

理论上用于评价的水质参数应是经过统计检验、剔除了离群值后，k 个监测数据平均值(必要时应考虑方差)。在实际工作中，往往监测数据样本量较小，难以利用统计检验剔除离群值，这时，如果数据集的数值变化幅度甚大，应考虑高值的影响，宜取平均值与最大值的均方根作评价参数值，即：

$$\rho_i = \frac{(\rho_{i\max}^2 + \rho_{ik}^2)^2}{2} \tag{6—1}$$

式中 ρ_i——i 参数的评价浓度值；

ρ_{ik}——i 参数监测数据（共 k 个）的平均值；

$\rho_{i\max}$——i 参数监测数据集中的最大值。

(3) 单项水质参数评价

采用标准型指数单元，即：

$$I_i = \rho_i / S_i \tag{6—2}$$

由于溶解氧和 pH 值与其他水质参数的性质不同，需采用不同的指数单元。

1) 溶解氧的标准型指数单元：

$$I_{DO_j} = \frac{|\rho_{DO_f} - \rho_{DO_j}|}{\rho_{DO_f} - \rho_{DO_s}}, \quad \rho_{DO_j} \geqslant \rho_{DO_s}$$

$$I_{DO_j} = 10 - 9\frac{\rho_{DO_j}}{\rho_{DO_s}}, \quad \rho_{DO_j} < \rho_{DO_s} \tag{6—3}$$

式中 I_{DO_j}——j 点的溶解氧浓度标准型指数单元；

ρ_{DO_f}——饱和溶解氧的浓度；

ρ_{DO_j}——j 点的溶解氧浓度；

ρ_{DO_s}——溶解氧的评价标准。

2) pH 值的标准型指数单元：

$$I_{pH,j} = \frac{7.0 - pH_j}{7.0 - pH_{sd}}, \text{pH 值} \leqslant 7.0$$

$$I_{pH,j} = \frac{pH_j - 7.0}{pH_{su} - 7.0}, \text{pH 值} > 7.0 \tag{6—4}$$

式中 $I_{pH,j}$——j 点的 pH 值标准指数单元；

pH_j——j 点的 pH 值监测值；

pH_{sd}——评价标准中规定的 pH 值下限；

pH_{su}——评价标准中规定的 pH 值上限。

水质参数的标准型指数单元大于 1，表明该水质参数超过了规定的水质标准，已经不能满足使用功能的要求。

(4) 多项水质参数综合评价法

根据水体水质数据的统计特点选用以下指数：

1) 幂指数法：

$$I_j = \prod_{i=1}^{m} I_{ij}^{w_i}, 0 < I_{ij} \leqslant 1, \sum_{i=1}^{m} w_i = 1 \tag{6—5}$$

2) 加权平均法：

$$I_j = \sum_{i=1}^{m} w_i I_{ij}, \sum_{i=1}^{m} w_i = 1 \tag{6—6}$$

3) 向量模法：

$$I_j = \left[\frac{1}{m}\sum_{i=1}^{m} I_{ij}^2\right]^{1/2} \tag{6—7}$$

4) 算术平均法：

$$I_j = \frac{1}{m}\sum_{i=1}^{m} I_{ij} \tag{6—8}$$

式中　I_j——j 点的综合评价指数；

ω_i——水质参数 i 的权值；

I_i——水质参数 i 的指数单元；

m——水质参数的个数；

I_{ij}——污染物（水质参数）i 在 j 点的水质指数。

以上各种指数中，幂指数法适于各水质参数的标准指数单元相差较大的情况；加权平均法一般用于水质参数的标准指数单元相差不大的情况；向量模法用于突出污染最重的水质参数的影响。

6.3　水环境影响预测

6.3.1　预测条件的确定

(1) 预测范围

由于地表水水文条件的特点，其预测范围与已确定的评价范围相一致。

(2) 预测点的确定

为了全面反映拟建项目对该范围内地表水环境的影响，一般选以下地点为预测点：

1) 已确定的敏感点；

2) 环境现状监测点，以利于进行对照；

3) 水文条件和水质突变处的上、下游，水源地，重要水工建筑物及水文站附近；

4) 在河流混合过程段选择几个代表性断面；

5) 排污口下游可能出现超标的点位附近。

(3) 预测时期

地表水预测时期分为丰水期、平水期和枯水期三个时期。通常枯水期河流自净能力为最小，平水期居中，丰水期自净能力最大。但个别水域因非点源污染严重，可能使丰水期河流的稀释能力变小，水质不如枯、平水期。冰封期是北方河流特有的情况，此时期河流的自净能力最小。因此，对一、二级评价项目应预测自净能力最小和一般的两个时期的环境影响。对于冰封期较长的水域，当其功能为生活饮用水、食品工业用水水源或渔业用水时，还应预测冰封期的环境影响。三级评价或评价时间较短的二级评价可只预测自净能力最小时期的环境影响。

（4）预测阶段

一般分为建设过程、生产运行和服务期满后三个阶段。

所有拟建项目均应预测生产运行阶段对地表水体的影响，并按正常排污和不正常排污（包括事故）两种情况进行预测。建设过程超过一年的大型建设项目，如产生流失物较多且受纳水体要求水质级别较高（在Ⅲ类以上）时，应进行建设阶段环境影响预测。个别建设项目还应根据其性质、评价等级、水环境特点以及当地的环境保护要求预测服务期满后对水体的环境影响（如矿山开发、垃圾填埋场等）。

6.3.2 预测方法的选择

预测建设项目对水环境的影响，应尽量利用成熟、简便并能满足评价精度和深度要求的方法。

（1）定性分析法

有专业判断法和类比调查法两种：

1）专业判断法是根据专家经验推断建设项目对水环境的影响。运用专家判断法（如特尔斐法）有助于更好发挥专家的专长和经验。

2）类比调查法是参照现有相似工程对水体的影响，来推测拟建项目对水环境的影响。该法要求拟建项目和现有工程的污染物来源、性质和受纳水体情况相似，并在数量上大体有比例关系。因为实际的工程条件和水环境条件通常与拟建项目有较大差异，所以类比调查法给出的只是拟建项目影响大小的估值范围。

定性分析法具有省时、省力、耗资少等优点，并且在某种情况下也可给出明确的结论，主要用于三级和部分二级的评价项目及对水体影响较小的水质参数，或解决目前尚无定量预测方法的问题（如 pH 值沿程恢复过程和有毒物质在底泥中的释放、积累等），或无法取得必需的数据进行数学模型预测等情况。

（2）定量预测法

指应用物理模型和数学模型预测。应用水质数学模型进行预测是最常用的，按水质模型的空间维数分为零维、一维、二维、三维水质模型。

6.3.3 污染源和水体的简化

应用水质模型预测通常需对污染源和水体作适当简化。

（1）污染源的简化

拟建项目排放废水的形式、排污口数量和排放规律是复杂多样的，在应用水质模型进行预测前通常需将污染源简化（概化）。

1）排放形式的简化。排放形式分点源和非点源两种，但以下情况可简化为均布的非点源：

①无组织排放和均布排放源（如垃圾填埋场及农田）；

②排放口很多且间距较近，最远两排污口间距小于预测河段或湖（库）岸边长度的 1/5 时。

2）排入河流的两排放口距离较近，可简化为一个，其位置假设在两者之间，其排放量为两者之和。两排放口间距远时，应分别预测。

3）排入小型湖（库）的两排放口间距较近时，可简化为一个，其位置假设在两者之间，其排放量为两者之和。两排放口间距远时，应分别预测。

4）当两个或多个排放口间距或面源范围小于沿方向差分网格的步长时，可简化为一个，否则，应分别单独考虑。

以上排放口远近的判别可以下述为依据：两排污口距离小于或等于预测河段长度的 1/20 为近；两排污口距离大于预测距离的 1/5 为远。

（2）地表水环境的简化

由于自然界的水体形态、水文和水力要素变化复杂，且不同等级的评价各有不同的精度要求，为了减少预测的难度，可以在满足精度要求的基础上，对水体边界形状进行规则化，对水文、水力要素做适当的简化，用比较简单的方法达到预测的目的。

1）河流的简化：为使河流断面和岸边形状规则化，可将河流简化为矩形平直河流，矩形弯曲河流和非矩形河流三类。

对大、中型河流（流量 $q>15\ m^3/s$，$B/H<20$，且水流变化较大，如变断面、变水深或变坡降），一级评价时，其断面积 A 应按非矩形、非平直河流计算，即：

$$A=\int_0^B H(B)\mathrm{d}B \tag{6—9}$$

除此均可简化为矩形平直河流，即：

$$A=BH \tag{6—10}$$

式中 B——河流水面宽，m；

H——水深，m；

A——断面积，m^2。

河网应分段进行预测。分段时，要根据河网特点和评价等级，突出主要干支流，略去小支流，对河网作简化处理。

2）湖泊（水库）的简化：湖泊（水库）可分为大湖（库）、小湖（库）和分层湖（库）三类。小湖（库）可用沃兰伟德（Vollen welder）模型或卡拉乌舍夫模型；水深超过 15 m，存在斜温层的湖（库）按分层湖（库）对待；停留时间较短的狭长湖，可简化为河流，并按河流的简化方法对其形状及水文要素进行简化。

6.3.4 预测工作

（1）预测的一般原则

1）利用数学模型预测河流水质时，均匀混合段可以采用一维模型或零维模型预测断面平均水质。大、中河流，且排放口下游 3～5 km 以内有集中取水点或其他特别重要的环境保护目标时，均应采用二维模型或其他模型预测混合过程段水质。其他情况，可根据工程、环境特点、评价等级及当地环境保护要求，决定是否采用二维模型。

2）河流水温可采用一维模型预测断面平均值或其他预测方法。pH 值可以只采用零维模型预测。

3）小湖（库）可采用零维数学模型预测其平衡时的平均水质，大湖（库）应预测排放口附近各点的水质。

（2）河流和湖（库）水质预测

可用前面提到的各种模型。

6.4 水环境影响评价

水环境影响评价是在工程分析和影响预测基础上，以法规、标准为依据解释拟建项目引起水环境变化的重大性，同时辨识敏感对象对污染物排放的反应；对拟建项目的生产工艺、水污染防治与废水排放方案等提出意见；提出避免、消除和减少水体影响的措施和对策建议；最后得出评价结论。

6.4.1 评价重点和依据的基本资料

应根据不同情况，选择水环境评价重点以及评价依据的基本资料。

（1）应结合建设、运行和服务期满三个阶段的不同情况对所有预测点和所有预测的水质参数进行环境影响重大性的评价，但应抓住重点。如空间方面，水文要素和水质急剧变化处、水域功能改变处、取水口附近等应作为重点；水质方面，影响较大的水质参数应作为重点。

多项水质参数综合评价的评价方法和评价的水质参数应与环境现状综合评价相同。

（2）进行评价的水质参数浓度应是其预测浓度与基线浓度之和。

（3）了解水域的功能，包括现状功能和规划功能。

（4）评价建设项目的地面水环境影响所采用的水质标准应与环境现状评价相同。河道断流时应由环境保护部门规定功能，并据以选择标准，进行评价。

（5）向已超标的水体排污时，应结合环境规划酌情处理或由环境保护行政主管部门事先规定排污要求。

6.4.2 判断影响重大性的方法

（1）规划中有几个建设项目在一定时期（如 5 年）内兴建并且向同一地表水环境排污的情况可以采用自净利用指数法进行单项评价。

位于地表水环境中 j 点的污染物 i 的自净利用指数为：

$$P_{i,j}=\frac{\rho_{i,j}-\rho_{hi,j}}{\lambda(\rho_{si}-\rho_{hi,j})} \tag{6—11}$$

式中 $\rho_{i,j}$——分别为 j 点污染物 i 的浓度；

$\rho_{hi,j}$——j 点上游 i 的浓度；

ρ_{si}——i 的水质标准；

λ——自净能力允许利用率。

溶解氧的自净利用指数为：

$$P_{DO,f}=\frac{\rho_{DO_{hj}}-\rho_{DO_j}}{\lambda(\rho_{DO_{hj}}-\rho_{DO_s})} \qquad (6—12)$$

式中 $\rho_{DO_{hj}}$——j点上游的溶解氧值；

ρ_{DO_i}——j点的溶解氧值；

ρ_{DO_s}——溶解氧的标准。

自净能力允许利用率λ应根据当地水环境自净能力的大小、现在和将来的排污状况以及建设项目的重要性等因素决定，并应征得行政主管部门和有关单位同意。

当$P_{i,j}\leqslant 1$时，说明污染物i在j点利用的自净能力没有超过允许的比例；否则说明超过允许利用的比例，这时的$P_{i,j}$值即为超过允许利用的倍数，表明影响是重大的。

(2) 当水环境现状已经超标，可以采用指数单元法或综合指数法进行评价。

具体方法：将由拟建项目时预测数据计算得到的指数单元或综合评价指数值与现状值（基线值）求得的指数单元或综合指数值进行比较。根据比值大小，采用专家咨询法并征求公众与管理部门意见确定影响的重大性。

6.4.3 对拟建项目选址、生产工艺和废水排放方案的评价

当拟建项目有多个选址、生产工艺和废水排放方案时，应分别给出各种方案的预测结果，再结合环境、经济、社会等多重因素，从水环境保护角度推荐优选方案。这类多方案比较常可利用专家咨询和数学模型法探求优化方案。

对于生产工艺的评价主要是通过工程分析发现问题，如有条件，应采用清洁生产审计进行评价。如有多种工艺方案，应分别预测其影响，然后推荐优选方案。

6.4.4 消除和减轻负面影响的对策

(1) 对环境保护措施的建议一般包括污染消减措施和环境管理措施两部分：

1) 消减措施的建议应尽量做到具体、可行，以便对建设项目的环境工程设计起指导作用。对消减措施应主要评述其环境效益（应说明排放物的达标情况），也可以做些简单的技术经济分析。

2) 环境管理措施建议中包括环境监测（含监测点、监测项目和监测次数）的建议、水土保持措施的建议、防止泄漏等事故发生的措施的建议、环境管理机构设置的建议等。

(2) 常用的消减措施包括以下几种：

1) 对拟建项目实施清洁生产以及预防污染和生态破坏是最根本的措施；其次是就项目内部和受纳水体的污染控制方案的改进提出有效的建议。

2) 推行节约用水和废水再用，减少新鲜水用量；结合项目特点，对排放的废水采用适宜的处理措施。

3) 在项目建设期因清理场地和基坑开挖、堆土造成的裸土层，应就地搭建雨水拦蓄池和种植速生植被，减少沉积物进入地表水体。

4) 施用农用化学品的项目，可通过安排好化学品施用时间、施用率、施用范围和流失到水体的途径等，将土壤侵蚀和进入水体的化学品减至最少。

5) 应采取生物、化学、管理、文化和机械手段一体的综合方法。

6) 在有条件的地区可以利用人工湿地控制非点源污染（包括营养物、农药和沉积物污染等）。人工湿地必须精心设计，污染负荷与处理能力应匹配。

7）在实施地表水污染负荷总量控制的流域，通过排污交易保持排污总量不增长。

（3）提出拟建项目建设和投入运行后的环境监测的规划方案与管理措施。

6.4.5 提出评价结论

在环境影响识别、水环境影响预测和采取对策措施的基础上，得出拟建项目对地表水环境的影响是否能够承受的结论。

6.5 评价区水污染防治措施与方法

防治水体污染应综合运用各种措施，将人工处理与自然净化结合起来，将废水处理与综合利用结合起来，推行工业闭路循环用水和区域循环用水系统，发展无废水生产工艺。具体措施有以下三点：

（1）减少废水和污染物的排放量。改革生产工艺和管理制度，采用少用水、少污染的新工艺，减少排污量，不是消极地处理废水，而是积极地消除产生废水的原因。

（2）发展区域性水污染防治系统，制定管理规划，合理利用自然净化能力，废水处理后可用于灌溉农田，利用土壤的净化能力，可回收水资源，给植物提供营养物质。

（3）运用系统工程的方法，综合规划，把人类的生产和生活活动对自然资源的需要纳入生物圈的能量和物质转化的总循环中去。根据技术经济、自然环境、卫生要求、污染源状况，制定统一的区域水质管理规划。

本章小结

本章主要讲述水环境影响评价等级、任务，水环境现状调查的范围、方法、内容；水环境影响预测、评价要求及具体方法；水环境影响预测模型和预测参数的估算。

练习题

1. 选择题

（1）水文调查主要有________。

A. 丰水期、平水期、枯水期的划分　　B. 河流的水文特征参数

C. 水温、泥沙含量等　　D. 水域功能和水环境敏感目标

（2）点源调查的内容包括________。

A. 点源的排放特点　　B. 排放数据

C. 用排水情况　　D. 废水和污水处理状况

（3）水环境影响评价监测的水质参数包括________。

A. 常规水质参数　　B. 特征水质参数

C. 敏感水质参数

(4) 一、二级评价的各类水域应调查________。

A. 丰水期　　　　B. 平水期

C. 枯水期

(5) 水环境影响预测一般选以下地点为预测点________。

A. 已确定的敏感点

B. 环境现状监测点

C. 水文条件和水质突变处的上、下游，水源地，重要水工建筑物及水文站附近

D. 在河流混合过程段选择几个代表性断面

E. 排污口下游可能出现超标的点位附近

(6) 对地表水环境进行评价时，要求最详细的是________。

A. 一级评价　　B. 二级评价　　C. 三级评价　　D. 四级评价

(7) 在对建设项目所在地区水环境现状进行调查时，应包括以下内容________。

A. 地表水资源的分布及其利用情况

B. 地表水各部分之间及其与海湾、地下水的联系

C. 地表水的水文特征及水质现状

D. 当地的气象资料

E. 地表水的污染来源

2. 填空题

(1) 建设项目所排污水水质的复杂程度可分为________、________、________三种。

(2) 地表水环境影响评价的技术工作程序可分为________个阶段。

(3) 常规水质参数包括________、________、________、________、________、________、________、________、________、________、________、________、________等参数。

(4) 布设在评价河段上的断面应包括________、________和________。

(5) 消减断面和控制断面的数量可根据________、________、________、________等情况确定。

(6) 对于水量大、水深流急且河面宽大于100 m的较大河流来说，至少应设________条采样垂线。

(7) 水环境影响预测阶段一般分________、________和________三个阶段。

(8) 按水质模型的空间维数分为________、________、________、________水质模型。

3. 判断题

(1) 各类水域的环境监测范围，可根据污水排放量与水域规模，并参考水环境影响评价的规定确定。

(2) 在开展拟建项目评价前，应掌握评价水域受纳已有污染源排放的污染物种类及数量。

(3) 消减断面应设在排污口下游污染物浓度变化比较显著的完全混合段。

(4) 水质参数的标准型指数单元大于1，表明该水质参数符合规定的水质标准，能满足使用功能的要求。

(5) 所有拟建项目均应预测生产运行阶段对地表水体的影响，并按正常排污和不正常排污（包括事故）两种情况进行预测。

(6) 当水环境现状已经超标，可以采用指数单元法或综合指数法进行评价。

4. 简答题

(1) 水环境影响评价的评价等级是如何确定的？

(2)《地面水环境质量标准》将水域主要功能按使用目的和保护目标划分为哪五类？

(3) 简述地表水环境影响评价的技术工作程序。

(4) 水环境影响预测的一般原则有哪些？

(5) 评价区水污染防治具体措施与方法有哪些？

阅读材料4

清河污水处理厂污水管道工程水环境影响评价

本案例节选自北京市环境保护科学研究院完成的环境影响评价项目——《清河污水处理厂污水管道工程环境影响评价》，仅对该项目工程中的水环境影响评价部分作分析论述。

一、项目简介

1. 项目意义

清河是北京市区北部的重要河道，目前清河流域范围内大部分地区已建有污水管道，但由于污水没有出路，只能直接排入清河，使清河的水体受到了严重的污染。

根据1993年国务院批复的北京城市建设总体规划，北京市决定建设16个污水处理厂，其中清河沿岸拟建三个污水处理厂，即肖家河污水处理厂、清河污水处理厂和北苑污水处理厂，三个污水处理厂建成之后，可以使清河水质得到改善，河道得以还清。

为了实现这一目标，北京市决定首先建设清河污水处理厂及配套污水管线工程，使清河流域排水系统得到完善。

2. 工程概况

(1) 规划标准、流域范围

清河污水处理厂污水管道工程，即将规划总流域面积15 942公顷/年。污水通过截流的方式是经总长24.92 km的污水管道引向清河污水处理厂，这将使清河水质及沿岸居民的生活环境得到改善。

清河污水处理厂污水管道系统按50年进行规划设计，总污水量为714 470 m^3/d。

清河污水处理厂污水管道系统规划流域面积包括西北郊地区和清河集团，北起西三旗铁路，南至长河，东起京张公路东侧，西至西山山前，总流域面积15 942公顷/年。规划流域面积范围除规划市域外，还包括西郊乡域地区、东北旺乡域地区及西三旗等地区。

(2) 工程建设内容

本次清河污水处理厂污水管道工程包括的主要内容为规划清河北岸污水截流管和规划小月河东岸污水截流管；此外还包括规划党校东污水管、万泉河污水截流管下段、规划土城北路污水分流管及规划成府路污水分流管四条支线。

（3）相关工程内容

1）肖家河污水处理厂：肖家河污水处理厂拟于2000年开始建设，规模为4×10^4 t/d，建设周期两年，预计于2002年建成投入使用。届时，肖家河污水处理厂出水可使清河上段河道得到还清。

2）清河污水处理厂：清河污水处理厂一期工程将于2000年开始建设，2003年建成投入使用，其污水处理能力为20×10^4 t/d；清河污水处理厂二期工程将于2003年开始建设，2006年建成投入使用，届时清河污水处理厂的污水处理能力将达到40×10^4 t/d。清河污水处理厂三期工程业已纳入规划之中，计划于2007年开始建设，污水处理能力为15×10^4 t/d，于2010年竣工，清河污水处理厂三期工程建设完成后，污水处理能力将达到55×10^4 t/d。

3）清河综合整治工程：清河综合整治工程内容包括河道整治、污水治理及绿化美化三部分，统一规划，综合治理。污水治理工程包括污水处理厂和污水截留管，清河污水处理厂污水管道工程在建设的同时，将进行河道的整治和绿化美化工作。

3. 周边环境

（1）自然环境

清河流域属于海河流域北运河水系温榆河支流的流域范围。该区地下水防护条件，除沿清河两侧的一级阶地稍差外，其他地区较好。

（2）社会环境

1）行政区划及人口：清河污水处理厂流域大部分属于海淀区，有很小的区域涉及朝阳区和昌平区。包括海淀区4个乡和12个街道，朝阳区洼里乡和昌平区回龙观镇。区内人口约80万人。

2）土地利用：清河总流域面积约200 km^2。用地按性质分为四部分：万泉河以西为风景浏览区；京张公路与万泉河之间为大专院校科研区；清河以北的清河镇是以毛纺、建材为主的工业区；各区均配套建有生活居住区。

3）市政设施：清河污水处理厂流域内各类市政基础设施有一定基础，特别是东南部的城区部分，各种市政管网比较完善；但西北部地区，特别是城乡结合部地区，市政设施较为落后。

4）清河污水处理厂流域与中关村科技园的关系：北京市中关村地区是全国科技人员和智力资源最密集的地区，加快建设中关村科技园区，对北京市加快经济和社会发展进程具有重大意义。清河污水处理厂的建设及流域内污水管网的改造，能够完善供水系统，提高污水处理率，营造良好的生态环境，更好地促进中关村科技园的建设与发展。

（3）环境污染现状调查与监测

1）污水状况调查：目前清河污水处理厂系统流域范围内大部分地区已建有污水管道，但由于污水没有出路，只能直接排入清河，使清河的水体受到了严重的污染。

现状污水管的总流域面积为9 542 hm^2，占规划总流域面积的60%。流域面积较大的污水支干线有万泉河污水截流管、学院路污水管、上地污水管、清河工业区污水管、小营污水管、西三旗工业区污水管6条污水管。其中万泉河污水截流管的流域面积占现状污水管总流域面积的48%；学院路污水管的流域面积占现状污水管总流域面积的31%。

2）清河水污染现状调查与监测：现代的清河属于平原河流，全长23.6 km。清河有北里河、万泉河、小月河、仰山大沟和十排干5条支流，总流域面积约200 km^2。

近年来，随着用水量的增多，流域内地下水水位大幅度下降，已经没有溢出的地下水补给河道，除雨季以外，清河已经没有天然水补给，河道内完全被污水所填充，已失去了作为天然河道的特征。清河除了承担排放流域内雨季沥水之外，主要承担了排放市区北部城市污水的作用，同时清河承担了农灌输水渠道的作用。目前河道排水完全由人为控制。

4. 污染源分析

污水管道工程环境影响评价与其他项目有所不同，其区别主要是环境影响表现在施工期，而运营期则对环境影响很小，为了说明管道运营对环境的改善作用，在环境影响评价报告中对水环境、恶臭等环境影响也作了预测。本项目的污染源分析着重于环境影响因子识别和评价因子筛选。

（1）施工期的评价因子

施工期将开挖大量的土石方，其工程活动将对周围居民的生活环境质量带来一定的影响，主要为施工扬尘和施工期的噪声。大气污染评价因子为扬尘，噪声污染评价因子为等效声级 L_{eq}。

（2）运营期的评价因子

进厂污水截流管的建设情况将直接影响污水处理厂的运行和清河的水量水质，对清河流域的地下水也有一定影响。

1）地表水环境评价因子：pH值、BOD_5、SS、色度、NH_3-N、臭味。

2）地下水环境评价因子：总硬度、NO_3-N、NO_2-N、NH_3-N、TDS。

二、项目特点及评价重点

1. 项目特点

本项目为市政工程项目。清河污水处理厂管道工程是清河污水处理厂的配套项目，该项目的主要环境负面影响为施工期环境的影响，为了说明清河污水处理厂污水管道工程建设完成后对环境的改善作用，本次评价对管道工程建设后的河道水质改善、恶臭环境改善以及地下水质影响都将作出分析。

2. 评价重点

本次评价工作将围绕地表水、地下水、施工期环境影响等主要环境问题开展调研分析，工作重点是分析说明清河污水管道工程运行后对清河流域生态环境、水环境的影响，进而说明水环境的治理成果。施工期的环境影响也将是本次评价工作的一个重点。最后对污染防治措施提出要求与建议。

三、预测评价

1. 地表水环境影响分析

工程完成后，清河流域大部分污水被截流，清河上游、万泉河上游以及小月河基本干枯，只有黑山沪泵站溢流及抽升，党校、北旱河上游来水、总后造纸厂等污水本工程不能截流，水量共314.59 L/s（27 180.6 m^3/d），拟送入肖家河污水处理厂处理，退水作为清河补水，水质为 COD：60 mg/L，BOD：20 mg/L。肖家河污水处理厂预计于 2002 年运行。清河北岸污水管道建设预计于 2002 年底完成，设计年限 50 年，即 2050 年满负荷。小月河污水管道建设预计于 2005 年底完成，因此在 2005 年之前，小月河汇入清河后至污水厂入口前河段还有一定量的污水。2005 年后，小月河干枯，河道中只有肖家河污水处理厂退水，水量极少。直至南马房西路清河污水处理厂退水进入清河河道，清河河道内才开始有较大水量。故除雨季外，清河污水处理厂退水口上游水量很少，2050 年以前清河污水处理厂退水口下游水量为（40.393～71.447）$\times 10^4 m^3/d$。

运用完全混合模型，选择 COD_{Cr}、BOD_5 两项作为预测项目。预测河段为清河起点至污水处理厂退水汇入后河段。选择枯水期为预测水文期。

$$C=(C_pQ_p+C_hQ_h)/Q \tag{6—13}$$

式中 C，Q——完全混合后污染物浓度和总水量；

C_p，C_h——河水、污水污染物浓度；

Q_p，Q_h——河水、污水水量。

对清河水质预测结果表明，污水处理厂建成一期工程后，河道中 COD_{Cr}、BOD 浓度分别超标 6.6 倍和 7.2 倍；建成二期工程后，分别超标 2.0 倍和 1.7 倍。2010 年当污水处理厂建成 3 期工程时，河道中 COD、BOD 分别超标 1.4 和 1.0 倍。

与现状水质比较，污水截流工程完成且污水处理厂完成三期工程后，河道中 COD、BOD 浓度将下降 73.9%和 65.3%。总的来说，截流工程完成后清河水质将比现状有所改善。为使清何水环境得到进一步改善，提出以下建议：

（1）清河污水处理厂规模应适应污水量的变化；

（2）截流工程使部分河道干枯，不利于景观及生态环境，建议引入清洁水源，使河道中保持一定的水量。

2. 地下水影响分析

（1）地下水污染源分析

据调查，清河污水处理范围内现状污水排放量为 14 743.45$\times 10^4$ m^3/年（40.393$\times 10^4$ m^3/d），每年约有 2 431.4$\times 10^4 m^3$ 的污水通过污水沟、渠河和污水管网的渗漏、污水灌溉的入渗以及渗井渗坑渗入地下。对地下水造成了不同程度的污染，构成了地下水现状的主要污源。

污水治理后，2050 年污水排入量为 26 078.2$\times 10^4$ m^3/年。据计算，每年渗入地下的污水比现状减少了 25.25%，但污水的渗漏仍将会对地下水造成一定的污染影响，仍为地下水的主要污源。

据分析，城市污水对地下水的影响主要是 NO_3-N、SO_4^{2-} 和硬度的升高，其次为 TDS 的升高。

（2）地下水污染源源强和侧向径流量

该工程建成后，2050 年污水排放量为 26 078.2$\times 10^4$ m^3/年，一期和二期工程污水经处理达标排放的分别占 2050 年截流污水量的 28.23%和 56.4%。污水下渗量为 1 014.93$\times 10^4$ m^3/年，污染物进入地下水面时的源强浓度根据模拟试验资料确定，污水治理工程建成前、后污水下渗量及其进入地下水面时的源强浓度见表 6—5。

表 6—5 地下水污染源源强

项目 时间阶段	污水渗入量 (10^4 m^3/年)	污染物进入地下水面时的源强浓度(mg/L)			
		NO_3-N	SO_4^{2-}	硬度	TDS
现状	2 431.4	10.37	280.4	659.9	1 079.1
一期工程	1 014.93	8.56	258.2	616.9	1 019.8
二期工程	1 014.93	6.76	236.1	573.9	960.5

由表 6—5 看出，随着污水处理率的提高，污染物进入地下水面时的源强浓度随之减小。

地下水侧向径流补给量采用达尔西公式计算，计算公式如下：

$$Q_{侧} = KIBH \tag{6—14}$$

式中 $Q_{侧}$——地下水侧向径流补给量，m^3/d；

K——计算断面含水层平均渗透系数，取 250 m/d；

I——地下水水力坡度，计算断面附近为 2.0‰；

B——地下水主要补给带宽度，董四墓至紫竹院长约 9 500 m；

H——计算断面含水层平均厚度，深度 50 m 以内为 30 m。

将上述参数代入公式，得出该区西南方向地下水侧向径流主要补给量为：

$$Q_{侧} = 14.25 \times 10^4\ m^3/d = 5\ 201.25 \times 10^4\ m^3/年$$

清河水系污水治理后，每年将有 1 014.93×10^4 m^3 污水渗入地下，与地下水混合，并沿地下水流纵、横向扩散，越扩范围越大，越扩浓度越稀，依据趋势法和类比推算，得出了表 6—6 中的年均变化预测值。表中现状升高值为该区多年平均升高值，一期和二期工程建成后的年均变化预测值，是在多年地下水质变化分析的基础上，依据污水处理率和污染物进入地下水面时的源强浓度及采、补基本保持不变的稳定条件下类比推算得出的。

表 6—6 地下水主要水质指标年均变化预测值

项目 时间阶段	污水渗入量 (10^4 m^3/年)	预测年均变化值[mg/(L·年)]			
		NO_3-N	SO_4^{2-}	硬度	TDS
现状	243 1.4	0.12	3.87	3.54	6.04
一期工程	1 014.93	0.07	1.74	1.85	3.26
二期工程	1 014.93	0.05	1.18	1.56	2.87

由表 6—6 变化预测值来看，污水处理率的提高和污水渗漏量的减少，对地下水质的改善是比较明显的。污水治理后，入渗量减少了 58.25%，受污水下渗影响较大的 NO_3-N 和 SO_4^{2-} 的年均升高值，一期工程后分别比现状减小了 41.67%和 55.04%，二期工程后分别比现状减小了 58.33%和 69.51%；硬度和 TDS 的年均升高值，一期工程后分别比现状减小了 47.7%和 46.03%，二期工程后分别比现状减小了 55.93%和 52.48%。其他各项指标的年均升高值也将有较明显的减小。所以该项污水治理工程有利于地下水质量的恢复与改善，环境效益较好。

四、评价结论

本项环境影响评价为污水管理建设项目，关注和重点为水环境影响以及施工期环境影响。通过分析说明清河水系污水管道工程运行后对清河流域水环境的影响，包括生态环境影响，进而说明水环境的治理成果。

对于污水管道建设的环境影响评价项目，应增加环境经济评价分量，对于污水纳入污水管道后的环境经济效益进行更为充分的分析，将使环境影响评价工作更为深入和有实际意义。

7 土壤环境影响评价

本章学习目标

1. 了解影响土壤环境污染、土壤退化的主要因素；
2. 了解减轻土壤污染的主要措施；
3. 了解土壤环境的现状及其空间分布；
4. 掌握土壤环境影响预测、评价要求及具体方法。

7.1 土壤环境评价等级划分和工作内容

7.1.1 土壤环境评价等级划分

在我国，土壤环境评价尚无推荐的行业导则，但可以根据规划或建设项目实施后对土壤环境影响的程度进行等级划分，具体遵循以下依据：

(1) 规划或建设项目的占地面积、地形条件和土壤类型，可能会破坏的植被种类、面积，以及对当地生态系统影响的程度。

(2) 侵入土壤的污染物的主要种类、数量，对土壤和植物的毒性及其在土壤中降解的难易程度，以及受影响的土壤面积。

(3) 土壤能容纳侵入的各种污染物的能力，以及现有的环境容量。

(4) 项目所在地的土壤环境功能区划要求。

土壤环境评价工作等级的划分是为了确定适当的评价工作量，在保证评价工作质量的前提下，节约评价经费和评价时间。土壤环境评价分为三级，根据工程项目对土壤环境影响的程度、评价区土壤环境的特征以及当地对土壤环境的特殊要求确定，可根据具体情况适当调整。

7.1.2 土壤环境评价工作内容

(1) 评价程序

土壤环境评价包括现状评价和预测评价两大部分，通过对土壤现状监测调查，筛选出适当的评价因子，结合相关法律、标准进行土壤环境质量现状分析与评价，采用土壤污染及退化模式，预测土壤中污染物质的运动及其变化规律，提出预防或者减轻不良影响的对策、措施及建议，并建立跟踪监测计划。具体程序参照图7—1。

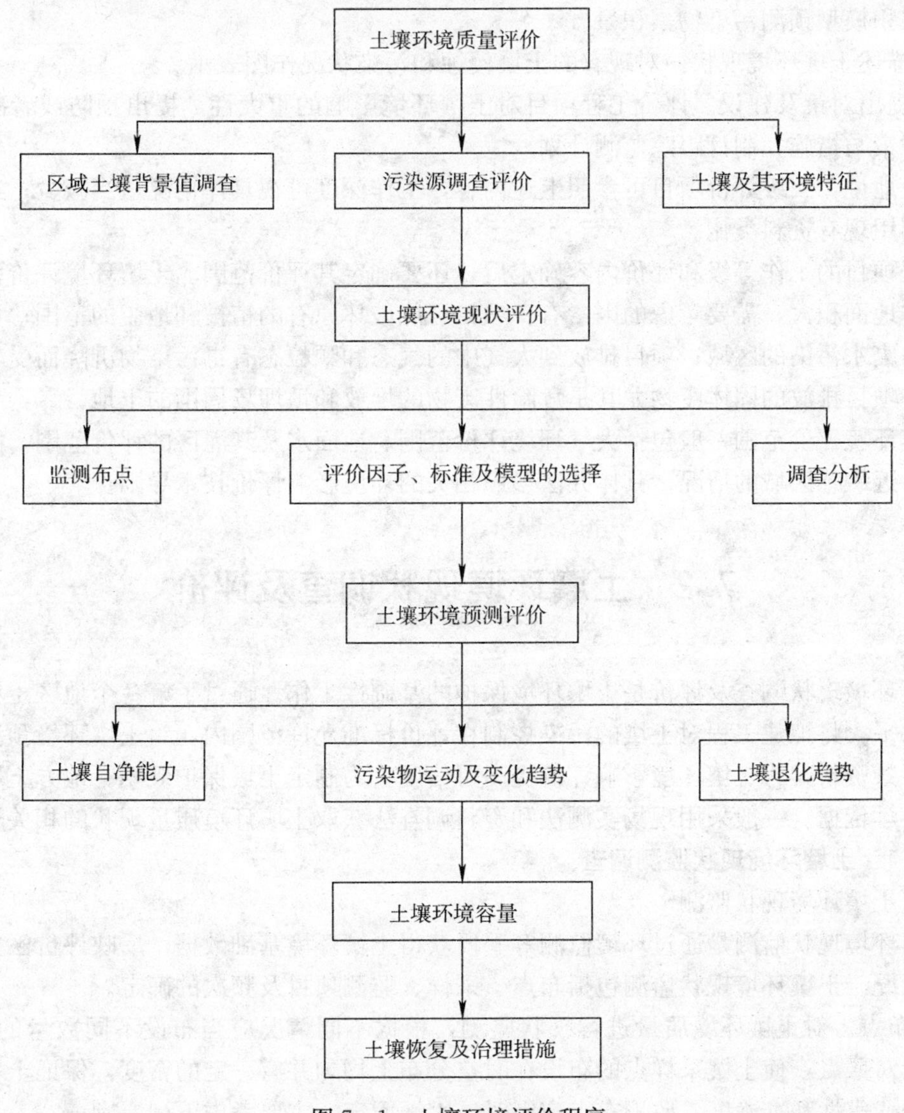

图7—1 土壤环境评价程序

(2) 评价内容

对于一级评价项目，土壤环境评价的工作内容如下：

1) 收集现有资料。调查评价区内土壤利用现状、现有土壤污染源排污情况、拟建项目工程分析的成果、与土壤侵蚀和污染有关的地表水、地下水、大气和生物等专题资料。

2) 调查和监测所在地资料。采用类比调查法测定评价区内土壤类型、形态、土壤中污染物的背景和基线值，以及植物的产量、生长情况及体内污染物含量等，或采用环境指数法加以归纳，必要时应做盆栽、小区乃至田间试验等，确定植物体内的污染物含量或者开展污染物在土壤中累积过程的模拟试验，以确定各种系数值。

3）预测土壤环境质量的变化。根据污染物进入土壤的种类、数量、方式、区域环境特点、土壤理化特性、净化能力以及污染物在土壤环境中的迁移、转化和累积规律，运用土壤侵蚀和沉积模型预测污染物累积量。

4）描述土壤环境现状。对现有的土壤侵蚀和污染状况作图表示。

5）提出对策及建议。评价工程项目对土壤环境影响的重大性，提出预防或者减轻不良影响的对策与措施，制订跟踪监测计划。

一般地说，二级评价项目可参照上述内容，工作深度可视具体情况适当减少；三级评价项目可利用现有资料类比。

工程项目的工作等级和评价内容确定后，还要确定其评价范围。土壤环境评价范围比拟建项目占地面积大，需要考虑的因素有：项目可能破坏原有的植被和地貌的范围；可能受项目排放的废水污染的区域；项目排放到大气中的气态和颗粒态有毒污染物沉降而受较重污染的区域；项目排放的固体废物尤其是危险性废物的堆放和填埋场周围的土地。

土壤环境评价范围一般包括大气环境评价范围、地面水及其灌区的评价范围，固体废物堆放场附近敏感区域的情况，具体办法参照相关的环境影响评价技术导则。

7.2 土壤环境现状调查及评价

土壤环境现状调查及评价是土壤环境保护的基础性工作。通过了解一个地区土壤环境现时污染水平，将拟建工程对土壤的污染控制在评价标准允许范围内，为土壤环境预测评价提供土壤背景资料，为土壤环境影响评价提高可信度，为制定土壤保护规划、地方土壤保护法规提供科学依据。一般采用现场实测法和资料调查法获取土壤环境质量现状的相关资料。

7.2.1 土壤环境现状监测调查

（1）土壤环境现状监测

土壤环境现状监测是通过环境监测等手段获得土壤环境基础数据，反映评价区土壤背景和基线状况。土壤环境现状监测包括布点、采样、监测项目及频次的确定。

1）布点。对土壤环境质量进行现状监测，根据不同情况应当布设不同数量的采样点，同时设置对照点，使土壤采样点的布设在时空分布上均匀并有一定的密度，保证土壤环境质量调查的代表性和准确度。监测布点应因时、因地而定，主要考虑下列原则：

①确定监测点的密度及均匀性：为保证评价工作的准确度，对于一、二级评价项目，多采用网络布点法，便于污染影响评价图件的制作；对于三级评价项目，可按要求散点布设。

②由排放废水引起土壤污染的地段：沿纳污河渠两侧及水流方向呈带状布点，布点密度自排污口起由密渐稀。

③由大气污染物沉降引起土壤污染的地段：以高架点源为中心，根据当地风向、风速及污染源强度等，沿四周各方位作放射状布点，布点密度自中心起由密渐稀。此外，考虑在主

导风向适当地增加监测距离和布点数量。

④ 由固体废物堆场引起土壤污染的地段：以堆场为中心，布点密度近密远稀，按地表径流和地下水流方向呈放射状向外布设。

此外，水田的采样点包括进出水口和田中间，按水流方向带状布点，采样点自纳污口起由密渐疏；对于部门专项农业产品生产，土壤环境监测布点按其专项监测要求进行。

2）采样。一般农田土壤环境监测采集耕作层土样，种植一般农作物采 0～20 cm，种植果林类农作物采 0～60 cm。为了保证样品的代表性，减低监测费用，采取采集混合样的方案。由于土壤在水平和垂直方向的分布具有一定的不均匀性，每个土壤单元设 3～7 个采样区，单个采样区范围以 200 m×200 m 左右为宜。采集主要有以下四种方法：

①对角线法：适用于污灌农田土壤，对角线分 5 等份，以等分点为采样分点。

②梅花点法：适用于面积较小，地势平坦，土壤组成和受污染程度相对比较均匀的地块，设分点 5 个左右。

③棋盘式法：适宜中等面积、地势平坦、土壤不够均匀的地块，设分点 10 个左右；受污泥、垃圾等固体废物污染的土壤，分点应在 20 个以上。

④蛇形法：适宜于面积较大、土壤不够均匀且地势不平坦、农业污染型地块，设分点 15 个左右，各分点混匀后用四分法取 1 kg 土样装入样品袋，多余部分弃去。

此外，若要调查评价区内植物和污染源状况，应在土壤样点处多点采取植物样品，采样部位分别为植物的根、茎、叶、花、果以及混合样；若要了解土壤污染的纵向变化，则可选择部分测点，按土壤剖面层次分层取样；若利用废水或受污染的水源灌溉农田时，根据水流的路径和距离，分别在主灌渠和支灌渠附近采样。

3）监测项目及频次。综合考虑污染土壤成土因素，一般把主要污染物和由成土因素决定的异常元素列为监测项目，最后得到代表采样地点的土壤样品。根据土壤环境现状监测资料，分析土壤中现有污染物和拟建项目将要排放的主要污染物，按照其毒性的大小与污染物排放量的多少，采用等标污染负荷比法进行土壤监测项目的筛选。

①常规项目：原则上为《土壤环境质量标准》（GB 15618—1995）中所要求控制的污染物。

②特定项目：《土壤环境质量标准》中未要求控制的污染物，但根据当地环境污染状况，确定为土壤中积累较多、对环境危害较大、影响范围广、毒性较强的污染物，或者污染事故对土壤环境造成严重不良影响的物质。具体项目由各地自行确定。

③选测项目：一般包括新纳入的、在土壤中积累较少的污染物。包括由环境污染导致土壤性状发生改变的土壤性状指标以及生态环境指标等。由各地自行选择测定。

一般来说，常规项目可按当地实际情况适当降低监测频次，但不可低于 5 年一次，选测项目可按当地实际情况适当提高监测频次。土壤监测项目与监测频次见表 7—1。

表 7—1 土壤监测项目与监测频次

项目类别		监测项目	监测频次
常规项目	基本项目	pH 值、阳离子交换量	每三年一次，在夏收或秋收后采样
	重点项目	镉、铬、汞、砷、铅、铜、锌、镍、六六六、DDT	
特定项目（污染事故）		特征项目	根据污染物变化趋势决定监测频次
选测项目	影响产量项目	全盐量、硼、氟、氮、磷、钾等	每三年一次，在夏收或秋收后采样
	污水灌溉项目	氰化物、六价铬、挥发酚、烷基汞、苯并芘、有机质、硫化物、石油类等	
	POPs 与高毒类农药	苯、挥发性卤代烃、有机磷农药、PCB、PAH 等	
	其他项目	结合态铝（酸雨区）、硒、钒、氧化稀土总量、钼、铁、锰、镁、钙、钠、铝、硅、放射性比活度等	

（2）土壤环境现状调查

开展土壤环境现状评价离不开土壤环境质量监测手段。此外，还需要向行政主管部门、研究机构、行业信息中心、情报部门等收集现成的资料。应围绕以下内容展开土壤环境现状调查：

1）区域自然地理环境特征调查。区域自然地理环境特征的调查主要采用资料收集的方法，可利用当地气象部门的资料或查找相关的文章。对于没有资料的调查项目，应通过实地考察和监测获取第一手资料。对于不同的评价项目，所需调查的侧重点不同，应根据具体的情况和要求添加或减少调查项目。区域自然地理环境特征调查内容有以下四方面：

①地质地貌特征：区域地层、岩性、地质构造特征；地貌类型与形态特征。

②气候气象特征：区域内的风向与风速、气温、降水与蒸发以及干旱、湿润等气候类型与气象要素。

③水文特征：包括地面水与地下水调查两个方面。地面水的调查包括水系的空间分布、河流与湖泊的水文及其季节、年际间变化和空间变化情况；地下水的调查包括区域水文地质状况、地下水类型、埋藏特性及水化学特征等。

④ 植被特征：包括当地植物种类、分布、各生育期的生长状况及产量、质量变化，植被类型、结构、空间分布特征、植被覆盖度等。

2）区域社会经济状况调查。区域社会经济的发展状况能够反映出区域内的人类活动规律，区域经济结构差异对环境影响特点和影响程度均不同。因此，了解和调查区域社会经济发展状况是土壤环境影响评价的基础工作，具体调查内容如下：

①人口状况：包括人口数量、密度、分布情况、年龄结构和职业等。

②经济状况：包括产业结构与产值、人均收入、人均产值等。

③交通状况：主要交通方式、交通干线、流通量等。

④ 文教卫生等状况：主要设施、居民受教育程度、健康状况、地方病情况和发病率。

3）区域土壤类型及其环境特征调查。不同的土壤类型具有不同的土体结构、内在性质和肥力特征，不同土壤类型和土地利用状况对土壤中污染物的迁移转化规律的影响不同。土壤类型及其环境特征是土壤环境质量评价的基础资料。因此对土壤类型及其环境特征的调查，应采取资料收集和现场调查相结合的方法进行，具体调查的内容如下：

①成土母质：包括成土母岩的类型、组成及其空间分布特征。

②土壤类型：包括土类名称、面积及其空间分布规律等。

③土壤组成：土壤的矿物质成分、有机质成分、N、P、K和主要微量元素含量。

④ 土壤特性：包括土壤质地、结构、pH值和Eh值、氧化还原电位、土壤代换量和盐基饱和度等。

4）土壤背景值的调查。区域土壤背景值代表了自然和社会发展到一定历史时期，在一定科学技术水平的影响下，土壤中化学元素的平均含量，是土壤环境质量评价的重要标准之一，是预测土壤环境质量变化趋势的重要依据。土壤背景值的调查主要有以下三方面：

①土壤元素背景值：耕作历史、主要污染物及污染途径、对作物的影响、各类型土壤的剖面构成、土壤的矿物与化学组成、土壤组成、土壤理化和生物学特性等的调查。

②土壤污染源调查：土壤侵蚀源（现有的各种人为破坏植被和地貌造成土壤侵蚀的活动）、工业污染源（通过“三废”排放进入土壤的污染物种类、途径和数量）、农业污染源（化肥、农药、污泥和垃圾肥料的来源、成分及施用量）、污水灌溉（污水来源、污水灌溉量、主要污染物种类、浓度、灌溉面积及灌溉年限）。

③评价区水土趋势类型、面积及分布和趋势模数等。

5）土壤沙化现状调查。土壤沙化是草原土壤的风蚀过程和风沙堆积过程，由于植被破坏、过度放牧或开垦农田，土壤中水分减少，土壤颗粒缺乏凝聚、分散而被风吹蚀，细颗粒组成逐渐降低的过程。土壤沙化主要发生在干旱荒漠、半干旱和半湿润地区。其调查的内容主要有以下四方面：

①沙漠特征：包括沙漠面积、分布和流动状况。

②气候特征：包括降雨量、蒸发量、风向、风速等。

③河流水文特征：包括河流含沙量、泥沙沉积等特点。

④ 农牧生产情况：包括人均耕地、草地、粮食和畜牧产量等。

6）土地利用状况及规划设想。包括城镇、工矿、交通用地面积以及农、林、牧、副、渔业用地面积及其分布，以此确定重点保护地区。

7.2.2 土壤环境现状评价

土壤环境现状评价的目的是了解建设项目土壤污染现状水平及污染物的空间分布。在全面掌握土壤及其环境特征、主要污染源、污染物和土壤背景值或本底值等资料的基础上，选择适当的评价因子和评价标准，建立正确评价模式和指数系统，对土壤污染的程度、范围和污染物的分布作出定量、半定量的估计。土壤环境现状评价涉及评价因子、评价标准和评价模式。评价因子数量与项目类型取决于监测的目的和现实的经济和技术条件；评价标准常采用国家土壤环境质量标准、区域土壤背景值或部门（专业）土壤质量标准；评价方法常用单因子指数法和多因子综合评价法。

（1）评价因子的选择

对某一区域开展土壤环境评价工作，应综合考虑土壤污染物的类型和评价的目的，从土壤污染指标中选择一定数量的污染指标作为评价因子。其中，影响土壤质量评价参数指标选择的因素很多，为了便于在实践中应用，土壤污染指标的选择应符合如下条件：

1）代表性：一个指标能代表或反映土壤质量的全部或至少一个方面的功能，或者一个指标能与多个指标相关联。

2）灵敏性：能灵敏地指示土壤与生态系统功能与行为变化。如黏土矿物类型对土壤生态系统功能与行为的变化不敏感，不宜作为土壤质量指标。

3）通用性：适用于不同生态系统以及时间和空间的变化。

4）经济性：测定或分析的花费较少，测定过程简便快速。如^{15}N丰度需要质谱仪进行复杂的分析，因而不宜作为土壤质量指标。

土壤中的污染指标归纳起来主要有以下几种：①重金属元素及其他无机有毒物质，如镉、锌、铜、汞、铬、铅、砷、氟、氰等；②有机毒物，如酚、3，4－苯并芘、DDT、六六六、三氯乙醛、多氯联苯、艾氏剂、狄氏剂、马拉硫磷、对硫磷、敌敌畏、油类及其他有机化合物；③土壤中的 pH 值、全氮量、硝态氮量及总磷量等；④有害微生物，如肠细菌、肠寄生虫卵、破伤风菌、结核菌等；⑤放射性元素，如^{317}CS、^{90}Sr；⑥附加因子，如有机质、石灰反应、土壤质地、易溶性盐类、氧化还原电位、黏土矿物、总阳离子可交换量和不同价态的重金属含量等。这些附加因子是对土壤污染物积累、迁移、转化影响较大的理化指标，通常反映了土壤污染物的积累、迁移和转化特征，一般用于研究土壤中污染物质的运动规律，但不参与评价。

(2) 评价标准的确定

土壤有其固有的地域成因、均一性差，制定土壤污染物的环境质量标准难度较大。同时土壤污染对人体产生的危害是间接的，与人体之间的物质平衡关系比较复杂，大大限制了土壤环境质量标准的制定。目前国外只有少数国家（德国、英国、芬兰、瑞典、丹麦、挪威、俄罗斯、日本、美国）分别给出了几项重金属毒物（汞、铬、铅、锌、铜、镍、锰、铂等）、非金属毒物（砷、硒、硼）和放射性元素（铯、铀）的土壤污染标准。我国还没有系统地制定适应各地区土壤污染物的卫生标准。因此，各地应结合实际情况参考如下各类标准：

我国 1996 年实施的《土壤环境质量标准》(GB 15618—1995)，可作为土壤环境质量评价的评价标准，见表 7—2。我国农业部颁布的《绿色食品执行标准（草案）》中，提出了《绿色食品土壤质量标准》，即绿色食品执行标准——土壤临界容量，见表 7—3。

表 7—2　　土壤环境质量标准（GB 15618—1995）　　mg/kg

项目 \ pH 值 \ 土壤		一级	二级			三级
		自然背景	<6.5	6.5～7.5	>7.5	>6.5
镉 ≤		0.20	0.30	0.30	0.60	1.0
汞 ≤		0.15	0.30	0.50	1.0	1.5
砷	水田 ≤	15	30	25	20	30
	旱地 ≤	15	40	30	25	40

续表

项目 \ 土壤 pH值	一级	二级			三级
	自然背景	<6.5	6.5～7.5	>7.5	>6.5
铜 农田等 ≤	35	50	100	100	400
铜 果园 ≤	—	150	200	200	400
铅 ≤	35	250	300	350	500
铬 水田 ≤	90	250	300	350	400
铬 旱地 ≤	90	150	200	250	300
锌 ≤	100	200	250	300	500
镍 ≤	40	40	50	60	200
六六六 ≤	0.05	0.50			1.0
DDT ≤	0.05	0.50			1.0

注：①重金属（铬主要是三价）和砷均按元素量计，适用于阳离子交换量>5 cmol（+）/kg的土壤，若续5 cmol（+）/kg，其标准值为表内数值的半数。

②六六六为四种异构体总量，DDT为四种衍生物总量。

③水旱轮作地的土壤环境质量标准，砷采用水田值，铬采用旱地值。

表 7—3　　**绿色食品土壤质量标准**

污染物	土壤临界容量（$\times10^{-6}$，体积比）		
	草甸褐土（北方）	草甸棕壤（北方）	红壤性水稻土（南方）
汞（Hg）	0.43	0.2	—
镉（Cd）	2.8	2.0	1.1
铅（Pb）	800	300	—
砷（As）	21	30	45
铬（Cr^{6+}）	3.5	50	—
铬（Cr^{3+}）	500	—	—
油	300	500	—

众所周知，评价标准是衡量产地生态环境质量是否合格的尺度，必须给予科学制定。若评价标准的制定和选取过宽或过严，必然会导致产地生态环境质量评价结论脱离实际或失误。我国土壤环境质量标准中规定标准值的污染物项目少，给土壤环境评价工作带来很大困难。因此，除土壤环境质量标准规定的标准值外，对于其他污染指标多选用具有不同含义的土壤环境背景值作为评价标准。可根据评价目的、要求和技术力量，选用下列参数作为评价标准：

1）以区域土壤环境背景值为评价标准。区域土壤环境背景值是指一定区域内远离工矿、城镇和道路（公路和铁路），无明显“三废”污染，也无群众反映过“三废”影响的土壤中有毒物质在某一保证率下的含量。该评价标准具有显著的区域特点，测定工作简单易行，数据处理简便，适应面广。其计算公式为：

$$C_{0i} = \overline{C}_i \pm S \tag{7—1}$$

$$S = \sqrt{\frac{\sum_{i=1}^{n}(C_{ij} - \overline{C}_i)^2}{(n-1)}} \tag{7—2}$$

式中 C_{0i}——区域土壤中第 i 种有毒物质的背景值，mg/kg；

C_{ij}——区域土壤中第 i 种有毒物质的平均值，mg/kg；

$\overline{C}_i$——区域土壤中第 i 种有毒物质实测值的平均值，mg/kg；

S——标准差；

n——统计样品数。

2）以土壤本底值为评价标准。土壤本底值代表了区域未受人为污染的土壤中某一元素的平均含量。该标准适用于自然保护区、风景疗养区的土壤环境质量评价。

3）以区域中土壤自然含量为评价标准。区域中土壤自然含量是指在清灌区内选用与污灌区的自然条件、耕作栽培措施大致相同、土壤类型相近、土壤中有毒物质在一定保证率下的平均含量。其计算公式为：

$$C_{0i} = \overline{C}_i \pm 2S \tag{7—3}$$

4）以土壤对照点含量为评价标准。该方法是选择与评价区域的自然条件、土壤类型和利用方式大致相同的未污染地区作为对照点，以一个对照点的测定值或多个对照点测定值的平均值作为判断该区域是否污染的评价标准。该标准在评价范围不大、评价要求不高、时间紧任务重的情况下可获得较好的结果。

5）以土壤和作物中污染物质的相关含量为评价标准。土壤中某种污染物质的含量和作物中该种污染物积累量之间有一定的相关性。通过制定农作物产品和食品的卫生标准和污染分级，推断出土壤中某种污染物的相关含量，通过食物链把土壤污染物与人体健康联系起来，制定评价标准。

综上所述，根据评价区域土壤实际情况、评价工作等级和时间要求等，选择适当的评价标准，从不同侧面反映未受污染土壤环境的质量状况。

（3）评价模式

土壤环境现状评价方法与大气、水质的现状评价方法相类似，是通过计算污染指数进行的，通常采用单因子指数法和多因子综合评价法。

1）单因子指数法 。单因子指数法的物理意义清楚明了，是目前国内普遍采用的方法之一。

①以土壤污染物的实测值与评价标准相比，计算土壤污染指数。

$$P_i = \frac{C_i}{S_i} \tag{7—4}$$

式中 P_i——土壤中第 i 种污染物的污染指数；

C_i——土壤中第 i 种污染物的实测浓度，mg/kg；

S_i——第 i 种污染物的评价标准，它可以是元素 i 的背景值、污染起始值、基准值或标准值，mg/kg。

当 $P_i \leqslant 1$ 时，表示未污染；$P_i > 1$ 时，表示受到不同程度的污染，P_i 值越大，土壤污染越重。可根据 P_i 值变化幅度，结合作物受害程度和污染物累积状况，进一步划分轻度污染、中度污染和重度污染等级。

②根据土壤—作物系统污染物积累的相关含量，计算土壤污染指数。

土壤积累起始值（X_{ai}），即土壤背景值，根据污染物的评价标准和土壤与作物中污染物的相关性确定。

土壤轻度污染值（X_{ci}），即作物的初始污染值，是指作物吸收与积累土壤中的污染物，致使作物体内的污染物含量超过当地同类作物的含量时土壤中污染物的含量。以土壤背景值和临界值含量的中间值或背景值加三倍标准差表示。

土壤重度污染值（X_{pi}），即土壤污染临界值，是指作物中的污染物含量达到作物的卫生标准，或使作物显著减产时土壤中该污染物的含量。

若土壤污染物含量实测值（C_i）小于或等于土壤积累起始值（X_{ai}）时，属未受污染，即污染指数 $P_i \leqslant 1$。

$$P_i = \frac{C_i}{X_{ai}} \tag{7—5}$$

若土壤中污染物含量实测值（C_i）大于土壤积累起始值（X_{ai}），但小于作物中污染物含量显著增加相对应的土壤轻度污染值（X_{ci}）时，属轻度污染，即 $1 < P_i < 2$。

$$P_i = 1 + \frac{C_i - X_{ai}}{X_{ci} - X_{ai}} \tag{7—6}$$

若土壤中污染物含量实测值（C_i）大于土壤轻度污染值（X_{ci}），但小于土壤重度污染值（X_{pi}）时，属中度污染，即 $2 < P_i < 3$。

$$P_i = 2 + \frac{C_i - X_{ci}}{X_{pi} - X_{ci}} \tag{7—7}$$

若土壤中污染物含量实测值（C_i）大于土壤重度污染值（X_{pi}）时，属重度污染，即 $P_i \geqslant 3$。

$$P_i = 3 + \frac{C_i - X_{pi}}{X_{pi} - X_{ci}} \tag{7—8}$$

最后，根据污染指数 P_i 值划分土壤污染等级，见表 7—4。

表 7—4　　土壤环境质量分级

污染等级	清洁度	轻污染级	中污染级	重污染级
分级依据	$P_i \leqslant 1$	$1 < P_i < 2$	$2 < P_i < 3$	$P_i \geqslant 3$

由于地区背景差异较大，用土壤污染累积指数更能反映土壤中各污染物的污染程度以及土壤环境的总体质量状况，其优点在于对土壤环境质量进行分级，有较为充分的依据进行定量评价。

③系统分级法划分质量等级。首先建立土壤污染物累积和土壤容量模式，计算不同年限污染物的累积数量，根据土壤污染物含量、作物生长的相关关系、作物中污染物的累积与超标情况，对各污染物浓度进行分级，然后将污染物浓度转换成污染指数，将污染指数加权综

合为土壤质量指数，据此划分土壤质量的级别。

2）多因子综合评价法。土壤环境现状评价一般以单项污染指数为主，指数小污染轻，指数大污染则重。但单因子评价只能分别反映各个污染物的污染程度，不能全面、综合地反映评价区域内的整体污染水平。在实际情况中，常出现多种污染物同时污染某一区域土壤的现象，因此综合考虑土壤中各个污染因子的影响，最终确定土壤环境总体质量，应该引入多因子评价方法。

当区域内土壤环境质量作为一个整体与外区域进行比较或与历史资料进行比较时采用综合污染指数进行评价，有以下几种方法：

①以土壤中各污染物指数叠加，作为土壤污染综合指数。

$$P = \sum_{i=1}^{n} P_i \tag{7—9}$$

式中 P——土壤污染综合指数；

P_i——土壤中 i 污染物的污染指数；

n——土壤中参与评价的污染物种类数。

该方法计算简便，适用于各个污染物指数相差不大且对综合污染指数贡献大致相同的简单情况。

根据综合污染指数大小，对土壤环境质量进行分级以表征污染的程度。例如，北京西郊的项目，根据综合指数 P 值，把土壤环境质量分为四级，见表 7—5。

表 7—5　　北京西郊土壤质量分级表

级别	土壤污染综合指数	主要区域
Ⅰ 清洁	＜0.2	广大清水灌溉区
Ⅱ 微污染	0.2～0.5	北灰水管区、莲花河系污灌区外 47.5 km^2
Ⅲ 轻污染	0.5～1	莲花河灌区附近土壤 18 km^2
Ⅳ 中度污染	＞1	莲花河上游主河道两侧污灌区 1.5 km^2

②内梅罗（Nemerow）综合污染指数。

$$P = \sqrt{\frac{1}{2}\left[\left(\frac{1}{n}\sum_{i=1}^{n}\frac{X_i}{S_i}\right)^2 + \left(\frac{X_i}{S_i}\right)_{\max}\right]} \tag{7—10}$$

式中 $\frac{1}{n}\sum_{i=1}^{n}\frac{X_i}{S_i}$——土壤中各污染指数平均值；

$\left(\frac{X_i}{S_i}\right)_{\max}$——污染物中最大污染指数。

内梅罗综合污染指数反映了各污染物对土壤的作用，强调最大综合污染指数，同时突出高浓度污染物对土壤环境质量的影响，按内梅罗污染指数划定污染等级。内梅罗污染指数土壤污染评价标准见表 7—6。

表 7—6 土壤内梅罗污染指数评价标准

等级	内梅罗污染指数	污染等级
Ⅰ	$P \leqslant 0.7$	清洁（安全）
Ⅱ	$0.7 < P \leqslant 1.0$	尚清洁（警戒线）
Ⅲ	$1.0 < P \leqslant 2.0$	轻度污染
Ⅳ	$2.0 < P \leqslant 3.0$	中度污染
Ⅳ	$P > 3.0$	重污染

③以均方根的方法求综合污染指数。

$$P = \sqrt{\frac{1}{n}\sum_{i=1}^{n} P_i^2} \tag{7—11}$$

④ 加权综合污染指数。

$$P = \sum_{i=1}^{n} P_i W_i \tag{7—12}$$

式中 W_i——第 i 种污染物的权重。

该方法可根据污染物的毒性、危害、土壤性质等进行权重大小的选择，对土壤中各污染指数进行加权求出综合指数。它能够反映各种污染物对土壤环境质量的相对重要程度，这种不同的程度充分体现在权重上。

3）模糊聚类分析法。土壤环境污染是多因素综合作用的结果，不同因子的影响程度是不同的。模糊聚类分析法是通过建立土壤污染因子集合和环境质量评价标准集合及两个集合之间的模糊矩阵关系，求解不同污染因子的环境质量数值对不同级别环境质量的隶属程度，以及不同级别环境质量标准对综合环境分级指数的隶属程度，对土壤环境质量进行综合评价的方法。在土壤环境评价中，运用统计学中的模糊聚类分析法，对土壤综合环境污染不明显而又表现为模糊性的性状进行描述，具有广泛的研究价值，有待于进一步完善。

7.3 土壤环境影响预测与评价

土壤环境影响预测是以建设项目所在地区的土壤环境质量现状和污染物在土壤中的迁移转化规律为基础，通过对土壤污染和土壤退化机理研究，建立土壤污染和土壤退化与其影响因素之间的定量因果联系，应用具体的预测模型演绎或归纳获得其内在规律，计算土壤侵蚀量以及未来污染物在土壤中的累积量和残留量，预测未来的土壤环境污染状况、程度和变化趋势，提出控制和消除污染的对策与建议。

7.3.1 土壤中污染物运动及其变化趋势预测

土壤中污染物运动及其变化趋势预测主要包括对土壤中污染物累积和污染趋势的预测、农药残留量预测、土壤重金属污染物累积模式预测、土壤环境容量预测四个方面的内容。

（1）土壤中污染物累积和污染趋势的预测

土壤污染趋势预测就是根据土壤污染现状，选用相应的数学模型，计算污染物在土壤中的累积，预测未来的土壤污染趋势。土壤污染物的累积和污染趋势预测步骤如下：

1）计算土壤污染物的输入量。土壤污染物的输入量取决于评价区原有污染源排入土壤中的各种污染物的数量和建设项目新增的土壤污染物数量之和。对于污染物输入量的计算，除了必须进行污染源现状调查，还应当根据规划或建设项目的工程特点、大气和水等专题评价资料核算污染物可能进入土壤的数量，弄清其形态和污染途径。

2）计算污染物的输出量。包括四个方面内容：根据土壤侵蚀模数和土壤中的污染物含量计算随土壤侵蚀的输出量；根据农作物收获量和作物中污染物浓度计算污染物被作物吸收的输出量；根据淋溶流失量计算污染物随降水淋溶流失的输出量；根据污染物生物降解、转化试验的结果，求出污染物在土壤中的降解、转化速率，并以此计算污染物因降解、转化的输出量。

3）计算土壤污染物的残留率。土壤污染物的输出途径十分复杂，决定了土壤污染物残留率的直接计算很困难，一般是通过盆栽实验或与评价区的土壤侵蚀、作物吸收、淋溶与降解等条件相似区域或地块进行模拟实验，求得污染物通过输出途径后的残留率。

4）预测土壤污染趋势。根据土壤中污染物的输入量与输出量的对比，或根据土壤中污染物输入量与残留率的乘积，说明土壤污染程度以及土壤污染物的积累和污染趋势。

（2）农药残留量预测

农药输入土壤后，在各种因素作用下，会发生降解或者转化，其最终残留量可按下式计算：

$$R = C_e^{-kt} \tag{7—13}$$

式中 R——农药残留率，mg/kg；

C_e——农药施用量；

k——降解常数；

t——时间。

假如一次施用农药时，土壤中的农药浓度为 C_0，一年后的残留量为 C_1，那么农药残留率可用下式表示：

$$f = C_1/C_0 \tag{7—14}$$

如果每年一次连续施用农药，那么农药在土壤中数年后的残留总量就可以表示为：

$$R_n = (1 + f + f^2 + f^3 + \cdots + f^{n-1})C_0 \tag{7—15}$$

式中 R_n——残留总量，mg/kg；

f——残留率，%；

C_0——首次使用农药在土壤中的浓度；

n——连续使用农药的年数。

令 $n \to \infty$，便得到农药在土壤中达到平衡时的残留量，即：

$$R_a = C_0/(1 - f) \tag{7—16}$$

（3）土壤重金属污染物累积模式预测

污染物进入土壤后，在土壤性质、环境条件和自身地球化学特点的综合影响下发生迁移和转化。不同的污染物，迁移转化特征不同。一些污染物活动性大，随着流水渗漏，进入地下水或其他水域中，如无机低价的阴、阳离子和易溶的有机酸、农药等有机成分；一些挥发性较大的污染物，如挥发性农药和汞等以气态形式迁移，不仅污染土壤系统，也会对大气、水体产生影响，一些污染物在土壤环境中不能降解或很难降解，对土壤系统的危害极大，如重金属和难降解的有机污染物。

通过各种途径进入土壤环境的重金属，由于土壤的吸附、络合、沉淀和截留作用，绝大多数都残留及积累在土壤中，根据土壤重金属的输入、累积等特点，污染物在土壤中的年累积量可用下式表示：

$$W = K(B + E) \tag{7—17}$$

式中 W——污染物在土壤中的年累积量，mg/kg；

B——区域土壤背景值，mg/kg；

E——污染物的年输入量，mg/kg；

K——污染物在土壤中的年残留率，%。

对于不同的地区，由于土壤的特性不同，K 值也不相同。可根据盆栽实验和小区模拟实验求得相对准确的 K 值。

(4) 土壤环境容量预测

土壤环境容量（或称土壤负载容量）是指在一定环境单元、一定时限内，遵循环境质量标准，保证农产品质量、生物学质量以及环境不受污染的前提下，土壤能容纳污染物的最大负荷量。根据土壤环境容量、土壤环境污染物的现状含量和土壤污染物的平均年输入量求出土壤达到重度污染时的年限。土壤环境容量还可作为土壤环境污染的总量控制依据。

某些重金属或难降解污染物［如 Cd、Pb、苯并（a）芘等］，在土壤环境中的固定容量计算公式为：

$$Q_i = (C_i - B_i) \times 2\ 250 \tag{7—18}$$

式中 Q_i——土壤中 i 污染物的固定环境容量，g/hm^2；

C_i——土壤中 i 污染物的容许含量，g/t；

B_i——土壤中 i 污染物的环境背景值，g/t；

2 250——每公顷土地的表上计算重量，t/hm^2。

不同土壤其环境容量是不同的，同一土壤对不同污染物的容量也是不同的，这涉及土壤的净化能力。在一定区域的土壤及其环境条件下，B 值确定后，土壤环境容量便取决于土壤临界含量（污染物容许含量）。由此可见，土壤环境容量的大小和土壤临界含量密切相关，因此制定适宜的土壤临界含量极为重要。

7.3.2 土壤退化趋势预测

土壤退化趋势预测主要预测建设项目开发引起土壤侵蚀、土壤盐碱化、土壤酸化、土壤沙化等土壤退化现象。土壤退化的影响因素比较复杂，土壤退化的预测工作尚处于探索阶段。

(1) 土壤侵蚀预测

土壤侵蚀一般是指在风、水和重力作用下，土壤被剥蚀、迁移或沉积的过程。在自然状态下，由纯自然因素引起的土壤侵蚀因植被的不同而差异很大，侵蚀速度较缓慢。人类的开发活动，尤其是露天矿产开发，往往引起大面积的植被破坏，造成严重的水土流失。

土壤侵蚀模数是在一定时间内，在一定土地面积上被带走的泥沙量与时间、面积的比值，用来表示土壤侵蚀强弱。数学定义式为：

$$A=\frac{VR}{Ft} \tag{7—19}$$

式中 A——土壤侵蚀模数，t/(km^2・年)；

V——土壤侵蚀泥沙量（淤积量），m^3；

R——泥沙容重，常取 R=1.4 t/m^3；

F——土壤侵蚀面积，km^2；

t——土壤侵蚀时间，年。

对于土壤侵蚀的面蚀、片蚀和细沟侵蚀的土壤侵蚀量的计算，通常采用 Wischmeier 和 Smith 提出的通用土壤流失方程。这种方法是以土壤侵蚀理论和大量实际观测资料的统计分析为基础的经验模型。若要预测切沟侵蚀、河岸侵蚀、耕地侵蚀和流域性的土壤侵蚀量，还应当对此公式进一步修正后使用。

$$E=0.247R_eK_eL_IS_IC_tP \tag{7—20}$$

式中 E——平均土壤损失量，t/(hm^2・年)，1 hm^2=1×10^4 m^2；

R_e——区域年平均降雨侵蚀力指标；

K_e——土壤可侵蚀系数；

L_I——坡度系数为 S 的坡长系数；

S_I——坡度系数；

C_t——耕作管理系数；

P——土壤保持措施因子。

各参数的确定方法如下：

1）区域年平均降雨量的侵蚀潜力指标（R_e）。一般用降雨侵蚀系数表达，它等于在预测期内全部降雨侵蚀指数的总和。

①对于一次暴雨：

$$R_e=\sum\frac{2.29+1.15\lg X_i}{D_i}I \tag{7—21}$$

式中 X_i——降雨历经 i 小时的降雨强度，mm/h；

D_i——在历时 i 小时的降雨量，mm；

I——在这场暴雨中强度最大的 30 min 的降雨强度，mm/h。

②对于一年降雨：

$$R_e=\sum_{i=1}^{12}1.735\times10^{1.5\lg(0.8188P_i^2/P)} \tag{7—22}$$

式中 P——年降雨量，mm；

P_i——各月平均降雨量，mm。

R_e 有很多计算方法，除经验值法（如降雪的 R_e 值相当于同等降雨值的 2/3）外，美国人还测绘了等侵蚀线图，从图上即可查出 R_e 值。

2）土壤可侵蚀系数（K_e）。是指在对一块长为 22.13 m，坡度为 9%，经过多年连续种植过的休耕地上每单位降雨系数的侵蚀率。它反映了土壤对侵蚀的敏感性及降水所产生的径流量与径流速率的大小。不同土壤类型的 K_e 值不相同。表 7—7 给出土壤可侵蚀系数的平均值。

表 7—7 土壤可侵蚀系数 K_e 的平均值

土壤类型	有机物含量			土壤类型	有机物含量		
	<0.5%	2%	4%		<0.5%	2%	4%
沙	0.05	0.03	0.02	壤土	0.38	0.34	0.29
细沙	0.16	0.14	0.10	粉沙壤土	0.48	0.42	0.38
特细沙土	0.42	0.36	0.28	粉沙	0.60	0.52	0.43
壤性沙土	0.12	0.10	0.08	沙性黏壤土	0.27	0.25	0.21
壤性细沙土	0.24	0.20	0.16	黏壤土	0.28	0.25	0.21
壤性特细沙土	0.44	0.38	0.30	粉沙黏壤土	0.37	0.32	0.26
沙壤土	0.27	0.24	0.19	沙性壤土	0.14	0.13	0.12
细沙壤土	0.35	0.30	0.24	粉沙黏土	0.25	0.23	0.19
特细沙壤土	0.47	0.41	0.33	黏土	—	0.13~0.29	—

注：引自美国农业部农业研究服务中心（Agricultural Research Survice）出版的《农田水体污染控制》（Control of Water Pollution from Cropland）。

3）坡长系数（L_I）和坡度系数（S_I）：坡长与坡度用于说明地形因素对土壤侵蚀的影响，二者的乘积称为地形因子。坡长是指从开始发生径流的一点到坡度下降至泥沙开始沉积或径流进入水道之间的长度，地形因子的计算公式为：

$$r = \left(\frac{L}{221}\right)^M (65\sin^2 S + 4.56\sin S + 0.065) \tag{7—23}$$

式中 r——地形因子。

L——从开始发生径流的一点到坡度下降至泥沙开始沉积或径流进入水道之间的长度。

S——坡度，%（例如坡度为 3%，$S=3$）。

M——坡长指数，当 $\sin S>5\%$时，$M=0.5$；当 $\sin S=5\%$时，$M=0.4$；当 $\sin S=3.5\%$时，$M=0.3$；当 $\sin S<1\%$时，$M=0.1$。

4）耕作管理系数（C_t）：也叫做植被覆盖因子，反映一块土地种植不同的庄稼可控蚀的程度，用于说明地表植被覆盖情况。不同植被类型有不同的 C_t 值，表 7—8 给出了各种农作物和种植类型的 C_t 值。

表 7—8 地表不同植被的耕作管理系数 C_t 值

植被	地表覆盖率（%）					
	0	20	40	60	80	100
草地	0.45	0.24	0.15	0.09	0.043	0.011
灌木	0.40	0.22	0.14	0.085	0.040	0.011
乔灌木混合	0.39	0.20	0.11	0.06	0.027	0.007
茂密森林	0.10	0.08	0.08	0.02	0.004	0.001

5）土壤保持措施因子（P）：土壤保持措施因子一般用实际侵蚀控制系数（也称水土保持因子）P 来表示。P 反映了不同的土地管理技术和水土保持措施对土壤侵蚀的影响，例如构筑梯田对侵蚀的影响。一般来说，不同的水土保持措施具有不同的 P 值，表 7—9 列出不同水土保持措施对 P 值的影响。

表 7—9　不同水土保持措施的实际侵蚀控制系数 P 值

水土保持措施情况	土地坡度（%）	P	水土保持措施情况	土地坡度（%）	P
无措施	—	1.00	带状间作	12.1～18.0	0.60
等高耕作	1.1～2.0	0.60		18.1～24.0	0.70
	2.1～7.0	0.50	隔坡梯田	1.1～2.0	0.45
	7.1～12.0	0.60		2.1～7.0	0.40
	12.1～8.0	0.80		7.1～12.0	0.45
	18.1～24.0	0.90		12.1～18.0	0.60
带状间作	1.1～2.0	0.45		18.1～24.0	0.70
	2.1～7.0	0.40	直行耕作	—	1.00
	7.1～12.0	0.45			

对于一个给定土壤类型的评价区域，R_e、K_e、L_l、S_l 系数通常是恒定的。因此，可根据土壤通用侵蚀公式预测工程前后年侵蚀率的变化。

$$E_1=\frac{C_1P_1}{C_0P_0}E_0 \tag{7—24}$$

式中　E_0，E_1——分别为工程前后的侵蚀率；

C_0，C_1——分别为工程前后的耕作管理系数；

P_0，P_1——分别为工程前后的土壤保持措施因子。

土壤侵蚀预测除了预测土壤侵蚀量外，还应对区域土壤环境质量退化和环境承载力下降的影响，如土层变薄、肥力下降、结构变化以及沉积区土壤形状的变化进行研究。

（2）土壤盐碱化预测

土壤盐碱化是指人类在农业生产过程中，由于灌溉技术不合理，出现了有灌水无排水，只蓄水不泄水或重灌轻排的情况，伴随开发建设项目排放含有大量盐、碱物质的废水用于灌溉，并受到降水量、蒸发量、地下水径流、地下水盐量及盐分种类、地下水临界深度、土壤质地、盐碱度等因素的影响，引发土壤盐化和碱化，又称为次生盐碱化。土壤环境评价中提到的土壤盐碱化就是指次生盐碱化。

下面仅介绍美国盐渍土实验室提出的钠吸附比法（SAR）可用下式计算：

$$\mathrm{SAR}=\frac{[\mathrm{Na}^+]}{\sqrt{\frac{[\mathrm{Ca}^{2+}]+[\mathrm{Mg}^{2+}]}{2}}} \tag{7—25}$$

式中　$[\mathrm{Na}^+]$——钠离子浓度，meq/L；

$[Ca^{2+}]$——钙离子浓度，meq/L；

$[Mg^{2+}]$——镁离子浓度，meq/L。

可以根据钠吸附比（SAR）划分水质等级。当土壤溶液的电导率（ES）为 10 mS/m 时，SAR 值在 0～10 之间为低钠水，可用于灌溉各种土壤而不发生盐碱化；SAR 值在 10～18 之间为中钠水，对具有高阳离子交换量的细质土壤会造成碱化；SAR 在 18～26 之间为高钠水，对大多数土壤都可产生有害的交换性钠，造成碱化；SAR 值在 26～30 之间为极高钠水，一般不适用于灌溉。如果土壤溶液电导率大于 5 mS/m，10 mS/m SAR 值在 0～6 之间为低钠水；在 6～10 之间为中钠水；在 10～18 之间为高钠水；大于 18 为极高钠水。

（3）土壤酸化预测

土壤酸化包括自然酸化和人类活动影响下的酸化两种。自然酸化过程是在土壤物质转化过程中产生的各种酸性和碱性物质，使土壤溶液中含有一定数量的 H^+ 和 OH^-，二者的浓度决定了土壤溶液的酸碱性。土壤酸碱性一般用 pH 值的大小表示，按土壤溶液的 pH 值大小可把土壤分为九级，见表 7—10。

我国土壤的 pH 值，大多数在 4.5～8.5 范围内。由南方到北方，土壤 pH 值逐渐增加。长江以南（如华南、西南地区）土壤 pH 值大多数在 4.5～5.5 之间，有少数在 3.6～3.8 之间；华中地区土壤在 5.0～6.5 之间；长江以北的土壤多为中性和碱性；华北、西北地区土壤 pH 值一般在 7.5～8.5 之间，少数强碱性土壤 pH 值高达 10.5。

表 7—10　土壤酸碱度分级

pH 值	酸碱度分级	pH 值	酸碱度分级	pH 值	酸碱度分级
＜4.5	极强酸性	6.0～6.5	弱酸性	7.5～8.5	碱性
4.5～5.5	强酸性	6.5～7.0	中性	8.5～9.5	强碱性
5.5～6.0	酸性	7.0～7.5	弱碱性	＞9.5	极强碱性

注：引自李天杰等《土壤环境化学》。

土壤酸化主要是人为活动引起的，如有些工业项目在生产过程中向大气或水域中排放酸性物质，通过酸沉降回到地面或灌溉进入土壤，引起土壤酸化。土壤酸化后对钾、氨、钙、镁等养分离子的吸附能力显著降低，导致养分随水流失，如土壤酸化可使某些重金属离子的活性增强，某些毒性阳离子的毒性增加。

预测土壤酸化的未来趋势，需要考虑以下问题：开发项目排放到大气中酸性物质的浓度、总量、酸性污染物的时空分布及其在大气中的迁移转化规律；评价区域的气象条件，如降水量、降水的时空分布等；界外区域输送到评价区域的土壤污染物浓度和数量等。可以通过土壤对酸性物质缓冲能力的模拟实验及酸性水淋滤土壤的模拟实验，进行土壤酸化趋势的预测及评价。

（4）土地沙化预测

土地沙化是由于人类对自然的不合理的开发利用引起的，是当前人类面临的主要环境问题之一。目前，对土地沙化的预测可采用以下公式：

$$D = A(1+R)^n \quad (7—26)$$

式中　D——未来土地沙化面积预测值；

R——年平均增长率；

A——目前沙漠化土地面积；

n——从目前至所预测时期的年限。

其中，年平均增长率为：

$$R=\left[n\left(\frac{Q_2}{Q_1}\right)^{1/2}-1\right]\times 100\% \tag{7—27}$$

式中 Q_1——某年航片上沙漠化土地面积占某地区面积的百分比；

Q_2——若干年后航空照片上沙漠化土地面积占该地区面积的百分比；

n——两期照片间隔的年限。

7.3.3 土壤环境影响评价

土壤环境影响评价是以土壤环境质量现状评价和土壤环境预测为基础，依据建设项目特征、调查监测资料（如评价区域的环境条件、土壤类型以及土壤背景值、土壤环境容量等）识别各种污染因素对土壤可能产生的影响，预测和评价不同建设项目对土壤环境质量的变化程度及演化趋势，综合分析建设项目对土壤环境影响的大小，判断其是否可以接受，为行动方案的优化决策、环境保护措施的设计与实施提供依据。

（1）评价拟建项目对土壤影响的重大性和可接受性

1）将影响预测的结果与法规和标准进行比较

①由拟建项目造成的土壤侵蚀或水土流失明显违反了国家的有关法规。例如，建设矿山造成水土流失十分严重，但水土保持方案不足以显著防治土壤流失，则该项目的负面影响是重大的，在环境保护方面是不可行的。

②将影响预测值加上背景值后与土壤标准做比较。例如，一个拟建化工厂排放有毒废水使土壤中的重金属含量超过土壤环境质量标准，则可判断该废水的影响是重大的。

③用分级型土壤指数对土壤的基线值与预测拟建项目影响后计算得出的两组数值进行比较。如果土质级别降低（如基线值为轻度污染，受影响后为中度污染），则表明该项目的影响是重大的；如果仍维持轻度污染，则表示影响不显著。

2）与当地历史上已有污染源和（或）土壤侵蚀源进行比较。邀请同行专家对拟建项目所造成新的污染和增加侵蚀程度的影响的重大性进行判断。例如，土壤专家一般认为在现有的土壤侵蚀条件下，如果一个大型工程的兴建将使侵蚀率提高的值不大于 11 t/(hm^2·年)，则是允许的。对于这类判断应当考虑区域内多个项目的累积效应。

3）拟建项目环境可行性的确定。根据土壤环境影响预测与影响重大性的分析，指出工程在建设过程和投产后可能遭到污染或破坏的土壤面积和经济损失等问题。通过费用—效益分析法和环境整体性考虑，分析土壤环境影响的可接受性，工程项目实施后是否真正实现了经济效益、社会效益、环境效益的统一，从而确定拟建项目是否可行。

（2）避免、消除和减轻负面影响的对策

1）提出拟建工程应采用的控制土壤污染源的措施

①工业建设项目：首先通过清洁生产或废物最少化措施减少或消除废水、废气和废渣的排放量，同时在生产中不用或少用在土壤中易累积的化学原料。其次是采取排污管终端治理方法，控制废水和废气中污染物的浓度，保证不造成土壤的重金属和持久性的危险有机化学

品（如多环芳烃、有机氯、石油类等）的累积。

②危险性废物堆放场地和城市垃圾等固体废物填埋场：应有严格的隔水层设计、施工，确保工程质量，使渗漏液的影响降至最低，同时做好渗漏液收集和处理工程，以防止土壤和地下水的污染。

③提出针对受污染影响的土壤的监测方案：作为受拟建工程影响的土壤环境管理的依据。

2）提出防止和控制土壤侵蚀的对策

①对于在施工期破坏植被、造成裸土的地块，应及时覆盖沙石和种植速生草种并进行经常性管理，以减少土壤侵蚀。

②对于农副业建设项目，应通过休耕、轮作以减少土壤侵蚀；对于牧区建设，应减少过度放牧，保持草场的可持续利用。

③在施工中开挖出的弃土应堆置在安全的场地上，防止侵蚀和流失；如果弃土中含污染物，应防止其流失、污染下层土壤和附近河流；在工程完工后，这些弃土应尽可能返回原地。

④ 加强土壤与作物或植物的监测和管理，在建设项目周围地区加快促进森林和植被的生长。

3）方案选址。任何开发行动或拟建项目必须有多个选址方案，应从整体布局上进行比较，从中选择出对土壤环境的负面影响较小的方案。

本章小结

本章主要讲述影响土壤环境污染、土壤退化的主要因素；减轻土壤污染的主要措施；土壤环境的现状及其空间分布；土壤环境影响预测、评价要求及具体方法。

练习题

1. 填空题

（1）土壤污染指标的选择应具有如下特性：________、________、________和________。

（2）土壤由于地区背景差异较大，用________反映土壤的人为污染程度。

（3）________是在一定时间内，在一定土地面积上被带走的泥沙量与时间、面积的比值。

（4）坡长与坡度用于说明地形因素对土壤侵蚀的影响，二者的乘积称为________。

（5）不同土壤其环境容量是不同的，同一土壤对不同污染物的容量也是不同的，这涉及土壤的________。

（6）土壤污染物的累积和污染趋势预测包括四个骤：________、________、________和

________。

2. 选择题

(1) 土壤沙化的现状调查内容，主要有________。

A. 沙漠特征　　B. 气候特征　　C. 河流水文特征　　D. 农牧生产情况

(2) 分析土壤中现有污染物和拟建项目排放的主要污染物，对土壤监测项目的筛选，可采用________方法。

A. 等标污染负荷比法　　B. 单因子指数法

C. 加权综合污染指数　　D. 内梅罗综合污染指数

(3) 一般来说，常规项目可按当地实际适当降低监测频次，但不可低于________年一次，选测项目可按当地实际适当提高监测频次。

A. 2　　B. 3　　C. 5　　D. 10

(4) 土壤退化预测主要是预测建设项目开发引起的________等土壤退化现象。

A. 土壤侵蚀　　B. 土壤盐碱化　　C. 土壤酸化　　D. 土壤沙化

(5) 土壤侵蚀预测除了可以预测土壤侵蚀量外，还可以预测________退化和________下降。

A. 区域土壤　环境质量　　B. 环境　容量

C. 环境　承载力　　D. 环境　资源

3. 判断题

(1) 土壤环境现状评价一般以单项污染指数为主，指数小污染重，指数大污染则轻。

(2) 土壤侵蚀一般是指在风、水和重力作用下，土壤被剥蚀、迁移或沉积的过程。

(3) 土壤保持措施因子反映了不同的土地管理技术和水土保持措施对土壤侵蚀的影响，不同的水土保持措施具有相同的 P 值。

(4) 土壤沼泽化是指人类在农业生产过程中，由于发展灌溉和农业措施不当引起的土壤盐化和碱化的总称。

(5) 人类活动影响下的酸化是在土壤物质转化过程中产生的各种酸性和碱性物质，使土壤溶液中含有一定数量的 H^+ 和 OH^-，二者的浓度决定了土壤溶液的酸碱性。

4. 简答题

(1) 土壤环境影响主要有哪几方面？对土壤环境有重大影响的人类行为有哪些？

(2) 何谓土壤背景值？如何确定土壤背景值？

(3) 什么是土壤环境污染？如何筛选土壤环境影响因子？

(4) 土壤环境污染的评价一般采取哪些方法？

(5) 土壤环境影响评价中选取哪几方面评价因子？

(6) 土壤环境质量现状调查包括哪些主要内容？

(7) 土壤环境影响预测包括哪些内容？

(8) 人类的哪些活动对土壤环境会造成影响？如何避免或减轻负面的影响？

5. 计算题

(1) 一项大型工程施工破坏了两块地的植被，导致土地裸露。设两块地的 R_e 均为 45 kg/(m^2·年)，块地 (1) 面积 $A_1=3$ hm^2 的砂壤土，坡长 150 m，坡度为 5%，土壤中有机物含量为2%，草皮覆盖度为10%，无任何土地管理措施；块地（二）面积$A_2=2\ hm^2$的砂壤土，坡长为70 m，坡度为10%，土壤中有机物含量为3.5%，裸土且无侵蚀控制措施。试求每块地的年平均土壤流失率以及这两块地的土壤总流失量。

（2）估算一块开垦出来的草地的年平均侵蚀量。设土壤含有机物2%（则$K_e=0.24$），坡度10%，坡长45 m，降雨系数$R_e=30$，作物沿等高线成行播种$P=0.60$，苜蓿项$C_t=0.02$。

阅读材料5

某焦化厂扩建工程土壤环境影响评价分析

一、工程概况

某焦化分厂第三号炼焦炉工程环境影响评价，是在原有两座炼焦炉基础上，进一步扩大焦炭和煤制气生产，扩建第三号炼焦炉和处理能力为60万t/年焦炭规模的回收车间，并扩建备煤、筛焦部分和锅炉房、给水排水等公用设施，及对原有的废水处理站进行扩建，增加其处理能力。

该厂位于城市东北工业区内，距市区13 km，属暖温带落叶阔叶林褐色土地带，为山前平原区，地表水为河流，北靠黄河侧渗补给水源。河流经城市时，接纳市区大量工矿企业废水和生活污水，成为该地区主要的纳污排污河道，水体环境质量很差。

本项工程是扩建第三号炼焦炉，属于该钢铁厂焦化分厂的一部分，建成投产后废水排放污染物的种类和数量见表7—11。

表7—11 水体污染排放量

焦炉工程投产前后情况		排放量（kg/h）				
		COD	酚	氰	油	共计
现状	酚、氰废水站排水3 t/h	0.450	0.0015	0.0015	0.030	0.483
	直接外排废水73 t/h	109.5	25.55	2.19	2.19	139.43
焦炉新建酚、氰废水处理站投产后外排废水72.4 t/h		14.48	0.036	0.036	0.724	15.276
焦炉工程投产后水体污染物外排减少量		95.47	25.516	2.156	1.496	124.64
排放量减少率（%）		86.83	99.86	98.38	67.39	89.08

该厂污水通过暗沟和明沟，排入河流，加重了河流的污染负荷；该厂外排废水部分用来进行农业灌溉，对土壤造成污染威胁。所以在本项环境影响评价中，着重针对工程项目对土壤的环境影响作出评价。

二、焦化分厂对周围土壤影响

焦化厂扩建后排放的废水中酚、氰、油等污染物含量均达到工厂排放标准和农田灌溉标准，在严防“跑、冒、滴、漏”事故的情况下，若进行农田灌概，可解决部分农业用水，另一方面还可利用土地处理部分活水，减轻小清河的污染负荷。焦化厂废水用于灌溉农田，土壤中污染物含量评价结果列于表 7—12。

表 7—12　　地区土壤污染状况

元素	表土/底土	土壤背景值（mg/kg）	污染起始值（mg/kg）（2s 背景值）	污染指数
Hg	14.38	0.018	0.052	4.42
Cd	1.07	0.042	0.66	1.55
Cu	1.49	17.34	30.28	0.84
Pb	0.78	24.81	42.79	0.39
As	0.94	9.9	15.96	0.40
Cr	0.78	63.06	82.86	0.57
Zn	1.57	55.70	91.70	0.69
酚	1.13	—	—	—
氰	0.98	—	—	—
氟	0.89	—	—	—
油	—	—	—	—
苯并［a］芘（Bap）	41.14	—	—	—

从表 7—12 可以看出，土壤表层中苯并（a）芘污染系数很高，超过底土 41 倍，一般含量在 0.01～0.03 μg/kg 之间，说明焦化厂附近农田已受到苯并（a）芘 Bap 的污染，土壤酚和重金属 Hg、Cd、Cu、Zn 污染指数超过 1，说明已受到污染，若以土壤背景值加两倍标准差作为污染起始值，求出土壤 Hg、Cd 污染指数较高，污染程度较重，应引起重视，土壤表层 Pb、As、Cr 含量尚未超过背景值，属正常范围。

从土壤污染地区来看，厂址以北、以西，土壤污染物含量高、污染重，说明土壤除受污水灌溉影响外，大气降尘对土壤的影响也不容忽视。厂址以南地区，远离厂址，灌溉地下水，土壤基本上未受污染。

土壤氟含量较高，在 224.5～292 mg/kg 之间，且上下土层含量一致，对照点土壤氟含量也并未降低，说明氟的污染并非人为因素，而是源自土壤高氟区。

根据有机物在土壤中运动规律，按照下列公式可计算出污染物在土壤中的逐年累积量。

$$W_n = BK^n + RK\frac{1-K^n}{1-K} \tag{7—28}$$

式中　W——污染物在土壤中的年累积量，mg/kg；

B——区域土壤背景值，mg/kg；

R——土壤污染物年输入量；mg/kg；

K——土壤污染物年残留率；

n——土壤可污灌（安全）年限。

从表 7—13 可见，在土壤酚、氰含量现状基础上，扩建后焦化废水用于灌溉，28 年后土壤氰化物达到标准，灌溉 42 年后土壤酚接近标准，灌溉 30 年时矿物油在土壤中残留量达到稳定状态。土壤中重金属从目前情况分析，汞和镉含量已超过污染起始值，扩建后的焦化废水经处理后不能有重金属检出。在降低氰化物含量情况下，可以利用处理后的废水灌溉农田，但时间不能超过 30 年。

表 7—13　土壤有机物累积量的预测　mg/kg

灌溉年限	1	5	10	20	28	30	42	50
酚	0.4628	0.5140	0.5780	0.7060	—	0.8340	0.9876	1.004
氰化物	0.4984	0.6720	0.6640	0.8480	0.9952	1.032	—	—
油	7.00	19.41	22.67	23.31	—	23.33	23.33	23.33

注：摘自丁桑岚的《环境评价概论》，2003。

8 噪声环境影响预测与评价

本章学习目标

1. 了解噪声环境影响评价的等级，控制噪声污染的主要措施；
2. 熟悉噪声环境影响预测模式及其选用；
3. 掌握噪声环境现状监测的技术要点、采样布点的原则、方法；
4. 掌握噪声环境影响评价的工作程序和内容。

8.1 噪声环境影响评价等级的确定

绝大多数项目在建设及运行阶段会不同程度地发出噪声，影响周围人群学习、工作和正常的生活、休息。噪声影响评价是确定拟开发行动或建设项目发出的噪声对人群和生态环境影响的范围和程度；评价影响的重大性，提出避免、消除和减少其影响的措施，为开发行动或建设项目方案的优化选择提供依据。

8.1.1 评价等级的划分和工作要求

噪声评价等级划分的依据包括以下四点：

(1) 按投资额划分拟建项目规模（大、中、小型建设项目）；

(2) 噪声源种类及数量；

(3) 项目建设前后噪声级的变化程度；

(4) 受拟建项目噪声影响范围内的环境保护目标、环境噪声标准和人口分布。

属于大、中型建设项目，位于规划区内的技术工程以及对噪声有限制的保护区等噪声敏感目标，项目建设前后噪声级有显著增高（噪声级增高量达5～10 dB (A) 或以上）或受影响人口显著增多的情况，应按一级评价的要求开展工作。对处在允许的噪声标准值为65 dB (A)及以上的区域的中型建设项目，以及处在国家环境噪声标准规定的1、2类地区的小型建设项目，或者大、中型建设项目建设前后噪声级增高量在3 dB (A) 以内且受影响人口变化不大的情况，应按三级评价进行工作。对于处在非敏感区的小型建设项目不必做噪声影响专题评价，只需填写“环境影响报告表”中相关的内容。二级评价要求介于一级和三级之间。

不同评价等级的项目有不同的评价要求，《环境影响评价技术导则 声环境》（HJ 24—2009）对此有详细规定。

8.1.2 评价工作范围

噪声环境影响的评价范围一般根据评价工作等级确定。

对于包含多个呈现点声源性质的拟建项目（加工厂、港口、施工工地、铁路的站场等），该项目边界向外 200 m 内的评价范围一般能满足一级评价的要求；相应的二级和三级评价的范围可根据实际情况适当缩小。若拟建项目周围较为空旷而较远处有敏感区域，则评价范围应适当放宽到敏感区附近。

对于呈线状声源性质的拟建项目（如铁路、公路），线状声源两侧各 200 m 的评价范围一般可满足一级评价要求；二级和三级评价的范围可根据实际情况相应缩小。若拟建项目周围较空旷而较远处有敏感区，则评价范围适当放宽到敏感区附近。

对于拟建机场，主要飞行跑道两端各 15 km、侧向 2 km 内的评价范围一般能满足一级评价的要求；相应的二级和三级评价范围可根据实际情况适当缩小。

8.1.3 评价工作程序

《环境影响评价技术导则 声环境》（HJ 24—2009）规定的技术工作程序见图 8—1。噪声影响的主要对象是人群，但是，在邻近野生动物栖息地（包括飞禽和水生生物）也应考虑噪声对野生动物生长繁殖以及候鸟迁徙的影响。

噪声环境影响评价第一阶段是开展现场勘察、了解环境法规和标准的规定、确定评价级别与评价范围和编制噪声环境评价工作大纲；第二阶段是开展工程分析、收集资料、现场监测调查噪声的基线水平及噪声源的数量、各声源噪声级与发声持续时间、声源空间位置等；第三阶段是预测噪声对敏感点人群的影响，对影响的意义和重大性作出评价，并提出削减影响的相应对策；第四阶段是编写噪声环境影响的专题报告。

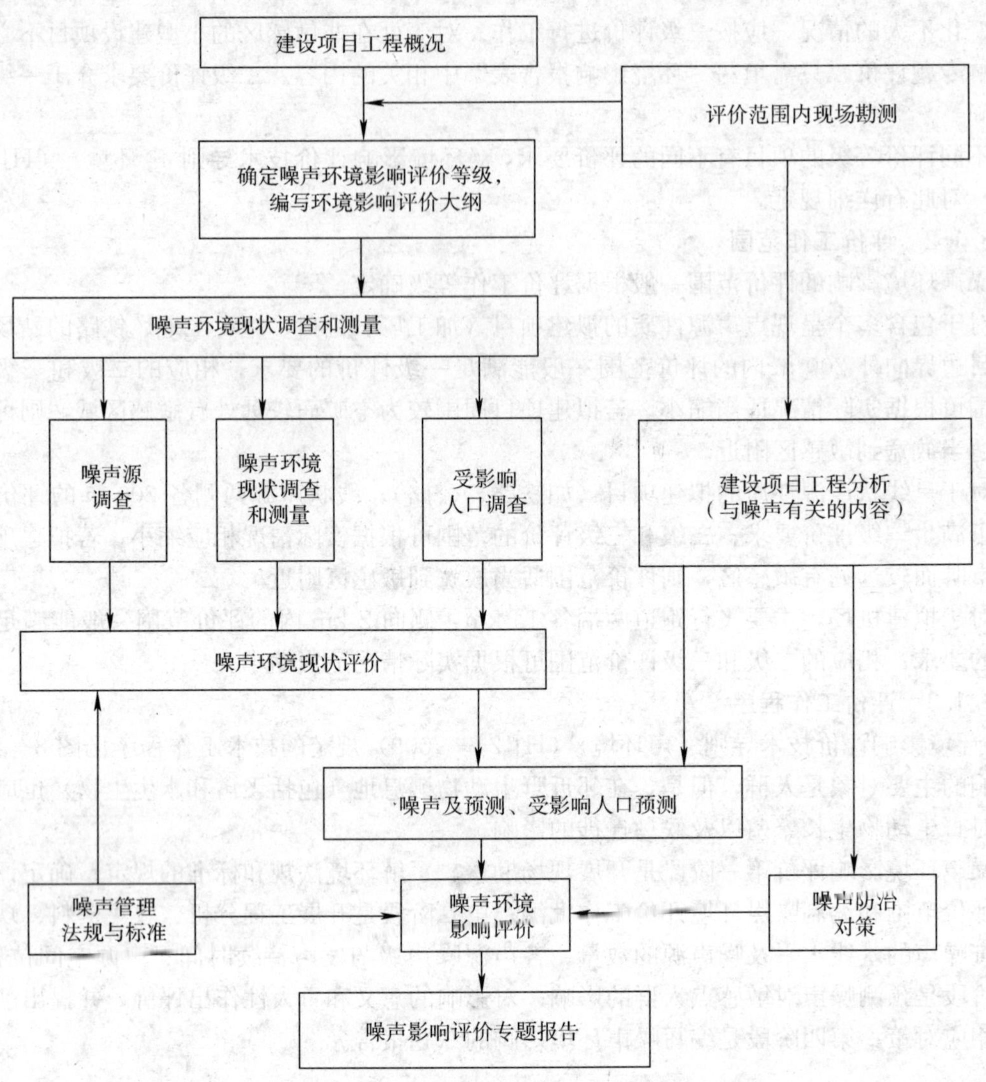

图 8—1 噪声环境评价技术工作程序

8.2 噪声环境现状评价

8.2.1 噪声环境现状监测

对于工矿企业的改扩建项目可监测现有车间和厂区的噪声现状；新建项目则只调查厂界及评价区的噪声水平。

(1) 厂区噪声水平监测

1) 测点布置。一般采用网格法，每隔 0～50 m（大厂每隔 50～100 m）划正方网格。每个网格交点即为测点。如遇障碍物，可适当易位测量，测点应加密。

2) 测量时段。应选择在生产正常阶段和无雨无雪天气的 8～12 时、14～18 时、22～6

时。

3）测量方法。首先应把传声器放在离地面 1.5 m 高处。如测量时风力超过三级，应加防风罩。测量时，将声级计置于慢档，每个测点读取 5 个 A 声级值，取算术平均值作为测定值。在测量中如发现两个测点间声级差大于 5 dB（A）时，应在其间增补测点。读数时应避免汽车喇叭等偶发噪声。所测数据标注在地图方格网交点的右上角。

（2）厂界噪声水平监测

在厂界外布点也采用网格法。测点间距：中小项目取 50～100 m；大型项目取 100～300 m。厂外的噪声敏感点应作为重点。如厂界围墙紧靠厂内建筑物，则测点位置应选在墙外 3.5 m 处；厂界外有绿化带时，则测点位置应选在墙外 3.5 m 处。如果厂界靠近交通干线或其他工厂，则应在厂界外 2 m 处增设若干个测点。靠近交通干线的测点读数应达到 200 个；靠近其他工厂的读数应等于或多于 100 个。然后统计 L_{10}、L_{50}、L_{90} 和等效声级 L_{eq}（以此作为厂界噪声参考数据）。监测的时段同厂内监测要求。

（3）居住区噪声水平监测

以 250 m×250 m 划分网格。若生活区受交通噪声影响，应在主要交通干线两侧和靠近交通要道处的居住建筑物外 1 m 处增设若干测点，同时记录车流量（辆/h），测量方法同上。如果居住区中有噪声敏感小区（如疗养院、重要办公楼），应昼夜连续测量，测点可在该小区交通干线上各选一点，每隔 5 s 读取一个 A 声级瞬时值，连续 24 h，然后统计每半小时或 1 h 小时 L_{10}、L_{50}、L_{90} 和计算的 L_{eq}，再绘出 24 h 内噪声水平变化曲线。

如果声源周围有高层建筑，测点布设应反映噪声对其中居民的影响。

8.2.2 噪声环境现状评价

噪声环境现状评价的主要内容有：

（1）评价范围

评价范围内现有噪声敏感区、保护目标的分布情况、噪声功能区的划分情况等。

（2）噪声环境现状的调查和测量方法

包括测量仪器、参照或参考的测量方法、测量标准、测量时段、读数方法等。

（3）评价内容

评价范围内现有噪声源种类、数量及相应的噪声级、噪声特性、主要噪声源分析等。

（4）评价范围内噪声环境现状

包括各功能区噪声级、超标状况及主要噪声源；边界噪声级、超标状况及主要噪声源。

（5）其他

受噪声影响的人口分布。

8.3 噪声环境影响预测

建设项目噪声环境影响预测是在收集资料、工程分析的基础上采用模型进行的。

8.3.1 预测范围和预测点布置

（1）噪声预测范围

一般与评价范围相同，也可稍大于评价范围。

(2) 预测点布置

按以下原则考虑：

1) 所有的噪声环境现状测量点都应作为预测点，以便进行对照。

2) 为了便于绘制等声级曲线图，可以用网格法确定预测点。网格的大小应根据具体情况确定，对于拟建项目包含呈线状声源特征的情况，平行于线状声源走向的网格间距可大些（如 100～300 m），垂直于线状声源走向的网格间距应小些（如 20～60 m）；对于建设项目包含呈点声源特征的情况，网格的大小一般在（20 m×20 m）～（100 m×100 m）的范围。

3) 评价范围内需要特别考虑的预测点，如一些敏感点。

8.3.2 噪声环境影响预测模式的选用

预测模式在工业生产、工程施工、公路铁路和飞机场等建设项目有着具体的应用。本章主要介绍以下四种类型的噪声预测：

(1) 工业企业生产噪声

工业企业中的噪声源可以分为室外声源和室内声源两种，其噪声影响预测应分别对待。

1) 室外声源的噪声影响预测。第 i 个室外声源、第 j 个预测点的噪声级计算。采用倍频带声压级法时，可以按以下步骤进行：

①计算第 i 个噪声源在第 j 个预测点的倍频带声压级。

$$L_{\mathrm{oct}ij}(r)=L_{\mathrm{oct}i}(r_0)-(A_{\mathrm{cotdiv}}+A_{\mathrm{octbar}}+A_{\mathrm{octatm}}+A_{\mathrm{octexc}}) \tag{8—1}$$

式中 $L_{\mathrm{oct}i}$ (r_0) ——第 i 个噪声源在参考位置 r_0 处的倍频带声压级，dB；

A_{cotdiv}——发散衰减量，dB；

A_{octbar}——屏障衰减量，dB；

A_{octatm}——空气吸收衰减量，dB；

A_{octexc}——附加衰减量，dB。

如果已知噪声源 i 的倍频带声功率级为 L_{wioct}，并假设声源位于地面上（半自由场），则：

$$L_{\mathrm{oct}i}(r_0)=L_{\mathrm{wioct}}-20\lg r_0-8 \tag{8—2}$$

②把上述计算出来的倍频带声压组合成为 A 声级：

$$L_{ij}(\mathrm{out})=L_{j(r_0)}-(A_{\mathrm{div}}+A_{\mathrm{bar}}+A_{\mathrm{atm}}+A_{\mathrm{exc}}) \tag{8—3}$$

如果已知该噪声源的 A 声功率级为 $L_{\mathrm{w}i}$，则：

$$L_i(r_0)=L_{\mathrm{w}i}-20\lg r_0-8 \tag{8—4}$$

2) 室内声源的噪声影响预测。假如某厂房内共有 K 个噪声源，这些室内声源对预测点的影响可当作若干个等效室外声源，其计算步骤如下：

①计算厂房内第 i 个声源在室内靠近围护结构（如门、窗、墙等）处的声级 $L_{\mathrm{p}i1}$。

$$L_{\mathrm{p}i1}=L_{\mathrm{w}i}+10\lg\left(\frac{Q}{4\pi r_i}+\frac{4}{R}\right) \tag{8—5}$$

式中 $L_{\mathrm{w}i}$——该厂房内第 i 个声源的声功率级；

Q——声源的方向性因数（在一般情况下位于地面上声源的 Q 值等于 2）；

r_i——室内点距声源的距离；

R——房间常数。

②计算厂房内 K 个声源在室内靠近围护结构处的声级 L_{p1}。

$$L_{p1}=10\lg\left(\sum_{i=1}^{K}10^{0.1L_{pi1}}\right) \tag{8—6}$$

③计算厂房外靠近围护结构处的声级 L_{p2}。

$$L_{p2}=L_{p1}-(TL+6) \tag{8—7}$$

④把围护结构当做等效室外声源，再根据声级 L_{p2} 和围护结构的面积，计算等效室外声源的声功率级。

⑤按照上述室外声源的计算方法，计算该等效室外声源在第 j 个预测点的声级 L_{kj} (in)。如果室外声源 L_{ij} (out) 有 n 个，等效室外声源为 m 个，计算第 j 个预测点的总声级。

$$L_j=10\lg\left[\sum_{i=1}^{n}10^{0.1L_{ij}(\text{out})}+\sum_{k=1}^{m}10^{0.1L_{kj}(\text{in})}\right] \tag{8—8}$$

（2）工程施工噪声预测

施工过程中发生的噪声与其他重要的噪声源不同，其一是噪声是由许多不同种类的施工机械设备发出的；其二是这些设备的运作是间歇性的，因此所发噪声也是间歇性和短暂的；其三是法规规定施工应在白天进行，因此对睡眠干扰较少。在做施工噪声影响评价时应充分考虑上述特点。

预测和评价施工噪声影响的步骤如下：

1）应用表 8—1 确定各类工程在各个施工阶段场地上发出的等效声级（L_{ep}）。

表 8—1　　施工场地上的能量等效级的典型范围　　dB

工程类型	住房建设		办公建筑、旅馆、学校、医院、公用建筑		工业小区、停车场、宗教、娱乐、休息、酒店		公共工程、道路与公路、下水道和管沟	
施工阶段	Ⅰ	Ⅱ	Ⅰ	Ⅱ	Ⅰ	Ⅱ	Ⅰ	Ⅱ
场地清理	83	83	83	84	84	83	84	84
开挖	88	75	89	79	89	71	88	78
基础	81	81	78	78	77	77	88	88
上层建筑	81	65	87	75	84	72	79	78
完工	88	72	89	75	89	74	84	84

注：Ⅰ代表所有重要施工设备都在现场。
Ⅱ代表只有少数必要的设备在现场。

2）用以下公式确定整个施工过程中场地上的 L_{ep}。

$$L_{ep}=10\lg\frac{1}{T}\left(\sum_{i=1}^{N}T_i10^{\frac{L_i}{10}}\right) \tag{8—9}$$

式中　L_i——第 i 阶段（表 8—1）的 L_{ep}；

T_i——第 i 阶段延续的总时间；

T——从开始阶段（$i=1$）到施工结束（$i=N$）的总延续时间；

N——施工阶段数。

3）在离施工场地 x 距离处的 $L_{ep(x)}$ 的修正系数。

$$ADJ = -20\lg\left[\frac{x}{0.328}+250\right]+48 \tag{8—10}$$

式中　x——离场地边界的距离。

则：

$$L_{ep(x)} = L_{ep} - ADJ \tag{8—11}$$

4）在适当的地图上画出场地周围 L_{ep} 的廓线。

（3）公路噪声影响预测

公路噪声影响评价是很复杂的，这里介绍常用于预测等效声级（L_{ep}）的噪声模型。由于 L_{ep} 是指能量平均的噪声级，不依赖交通流量统计。而 L_{10}、L_{50} 和 L_{90} 等噪声指标对交通流量很敏感，难以建模。作为示例，这里把公路看成是无限长线源。有限长公路噪声模型的预测计算较复杂，此处略。

本法是先计算出每小时的 L_{ep}，再预测昼夜噪声级 L_{dn}。每小时的 L_{ep} 是由各种类型车辆，如汽车、卡车、重型卡车造成的，故：

$$L_{ep,i} = L_{eo,i} + 10\lg\left(\frac{N_i}{S_i T}\right) + 10\lg\left(\frac{15}{d}\right)^{1+\alpha} + B_s - 13 \tag{8—12}$$

式中　$L_{ep,i}$——第 i 种车辆在 A 小时的 L_{ep} 值；

$L_{eo,i}$——第 i 种车辆发射的参考平均能量级（通过实测或文献中公布的数据确定的噪声发射级，见表 8—2）；

N_i——在时间 T 内通过的 i 种车辆数，这里指 14 h 交通量；

S_i——第 i 种车辆的平均速度，km/h；

T——L_{ep} 的持续时间，即通过车数 N_i 的时间，通常指 1 h；

d——测量时受影响的人离道路中心线距离，m；

α——受影响的人到道路中心线之间，地面覆盖物吸收特性因子（参考表 8—3）；

B_s——噪声屏障因子，见以下讨论。

表 8—2　　几种车辆发射的参考平均能量计

车种	车速（km/h）										
	50	55	60	65	70	75	80	85	90	95	100
汽车	62.4	63.8	65.2	66.8	67.9	69.0	70.0	71.0	71.9	72.7	73.5
卡车	72.4	74.3	76.0	77.5	78.8	80.0	81.1	81.9	82.5	82.8	82.9
重卡	80.5	81.4	82.5	83.2	84.0	84.6	85.2	85.8	86.3	86.7	86.8

注：①卡车指载重量 5～10 t 或六轮车，重卡指载重量超过 10 t 的 10 轮以上卡车。

②参考距离为 15 m。

表 8—3　距离加倍时噪声减少量及相应 α 值

条　件	减少量（dB）	α
声源或受声者高出地面 3 m（或视线平均高大于 3 m）	3	0
声源或受声者高度超过障碍高 3 m	3	0
视线[①]与地面距离小于 3 m 且地面是硬的；受声者与道路间无建筑物，能清楚看见公路[②]	3	0
地面松软或有植被覆盖，视线被建筑物、灌木或散树林阻挡	4.5	0.5

注：①视线是指噪声源与受声者间的直线。

②如果道路与受声者之间地面软硬相杂，则可分步计算相应各地段的噪声级。

用式（8—12）分别计算汽车、卡车、重型卡车的等效声级 $L_{eq,A}$（汽车），$L_{eq,MT}$（卡车），$L_{eq,HT}$（重型卡车），再用式（8—13）求出总的等效声级，$L_{ep,dn}$。

$$L_{ep,dn} = 10\lg[10^{0.1L_{ep,A}} + 10^{0.1L_{ep,MT}} + 10^{0.1L_{ep,HT}}] \quad (8—13)$$

隔声因子 B_s 是经验数据，其值取决于受声者和道路周围环境是否有声障。常见的情况如下：

1）硬质地面：车辆和受声者距离为 30 m 时，衰减 B_s＝3 dB；如为软质土地面或有植被覆盖，则 B_s＝4.5 dB；如果中间为等于或大于 5 m 高的风景林，则 B_s＝5～10 dB。

2）由多排房屋造成的附加衰减取决于其密度，如果第一排房屋的面积占车辆与受声者间的地面面积的 40%～60%，则 B_s＝3 dB；如占 70%～90%，则 B_s＝5 dB。然后每增加一排可得 1.5 dB 的附加衰减，但总衰减不超过 10 dB。

3）如果道路两侧有声障，其计算方法可查有关文献。

（4）机场噪声影响预测

机场的活动产生两类噪声：飞机起降运作噪声和地勤噪声。地勤噪声主要由机械和车辆运行产生，其预测类似于工业建设项目和施工噪声。这里介绍预测飞机噪声的一种经验方法。

飞机噪声主要是喷气发动机排气或螺旋桨旋转发出的。飞机飞越天空和在地面上运行的噪声是不同的。在同样距离内，同样速度的飞机在地面上或离地面近处运动发出的噪声，因被地面部分吸收而比在空中飞行发出的噪声小。飞机在地面滑行或起降的延续时间只有几分钟，而从一个点上飞越的噪声则是瞬间和脉冲的，所产生的一次脉冲事件的最大暴露声级（SEL）更高，因此，暴露于机场操作的总量是所有飞机在所有飞行线（地面和空中）操作的总和。勾画机场噪声廓线的步骤如下：

1）确定飞行操作的平均次数和时间。

2）应用下式确定所有飞机操作的有效次数：

$$N_e = d + 16.7n \quad (8—14)$$

式中　N_e——有效操作次数；

d——白天操作的次数（7：00—22：00）；

n——夜间操作的次数（22：00—次日 7：00）。

这里的“一次有效操作”是指一次起飞或降落。式（8—14）是假设白天的起飞和降落次数与夜间相等。如果飞机全部在白天起飞，而在夜间降落，则应考虑全部是白天的操作。

3）用表 8—4 确定区域廓线：

表 8—4　　至机场操作的 L_{dn} 廓线距离　　m

操作的有效次数	至 65 L_{dn} 廓线的距离		至 75L_{dn} 廓线的距离	
	1①	2②	1	2
0～50	150	914	0	0
51～100	305	1 600	0	0
101～200	456	2 400	125	914
201～400	609	3 200	305	1 600
401～1 000	1 600	3 200	609	2 400
大于 1 000	1 600	4 000	914	2 400

注：①表示从跑道中心线到廓线边缘的距离。

②表示跑道末端至廓线尖端的距离，如图 8—2 所示。

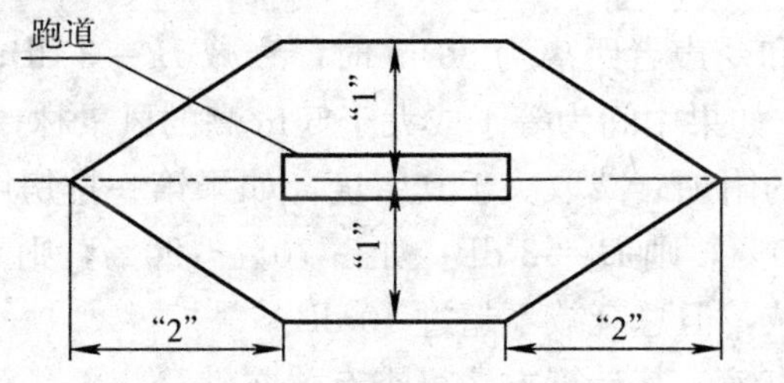

图 8—2　机场噪声区域廓线示意图

8.4　噪声环境影响评价

噪声环境影响评价就是解释和评估拟建项目造成的周围声环境预期变化的重大性，据此提出消减其影响的措施。

（1）基本内容

国内噪声影响评价的基本内容有六个方面：

1）根据拟建项目多个方案的噪声预测结果和噪声环境标准，评述拟建项目各个方案在施工、运行阶段噪声的影响程度、影响范围和超标状况（以敏感区域或敏感点为主）。

对项目建设前和预测得到的建设后的状况进行分析比较，可以直观地判断影响的重大性。依据各个方案噪声影响大小提出推荐方案。

2）分析受噪声影响的人口分布（包括受超标和不超标噪声影响的人口分布）：

①城市规划部门提供的某区域规划人口数。

②若无规划人口数，可以用现有人口数和当地人口增长率计算预测年限的人口数。

3）分析拟建项目的噪声源和引起超标的主要噪声源或主要原因。

4）分析拟建项目的选址、设备布置和设备选型的合理性；分析拟建项目设计中已有的噪声防治对策的适应性和防治效果。

5）为了使拟建项目的噪声达标，评价必须提出需要增加的、适用于该项目的噪声防治对策，并分析其经济、技术的可行性。

6）提出针对该拟建项目的有关噪声污染管理、噪声监测和城市规划方面的建议。

（2）其他考虑

拟建项目对野生动物的影响有时也很重要。例如，海洋石油勘探的噪声对海洋哺乳动物（如海豚、鲸等）有影响；噪声也能影响鱼类听力；高压输电线通道的噪声刺激影响有些野生动物的繁殖。一般来说，噪声影响的后果是破坏野生动物的正常繁殖和使栖息地环境恶化。在靠近珍稀和濒危野生生物保护区边界有开发行动时，应注意评估噪声对其的影响。

8.5 评价区噪声环境防治措施与方法

噪声环境影响评价中，噪声防治对策应该考虑从声源上降低噪声和从噪声传播途径上降低噪声两个环节。

（1）从声源上降低噪声

从声源上降低噪声是指将发声大的设备改造成发声小的或者不发声的设备，其方法包括以下三种：

1）改进机械设计以降低噪声，如在设计和制造过程中选用发声小的材料来制造机件，改进设备结构和形状、改进传动装置以及选用已有的低噪声设备都可以降低声源的噪声。

2）改革工艺和操作方法以降低噪声，如用压力式打桩机代替柴油打桩机，把铆接改用焊接、液压代替锻压等。

3）维持设备处于良好的运转状态。因设备运转不正常时噪声往往增高，所以要使设备处于良好的运转状态。

（2）在噪声传播途径上降低噪声

在噪声传播途径上降低噪声是一种常用的噪声防治手段，以使噪声敏感区达标为目的，具体做法如下：

1）采用“闹静分开”和“合理布局”的设计原则，使高噪声设备尽可能远离噪声敏感区。

2）利用自然地形物（如位于噪声源和噪声敏感区之间的山丘、土坡、地堑、围墙等）降低噪声。

3）合理布局噪声敏感区中的建筑物功能和合理调整建筑物平面布局，即把非噪声敏感建筑或非噪声敏感房间靠近或朝向噪声源。

4）采取声学控制措施，例如，对声源采用消声、隔振和减振措施，在传播途径上增设吸声、隔声等措施。

（3）噪声防治对策须符合的原则

通过评价提出的各项噪声防治对策，必须符合针对性、具体性、经济合理性、技术可行性原则。

本章小结

本章主要讲述噪声环境影响评价的等级；控制噪声污染的主要措施；噪声环境影响预测模式及其选用；噪声环境现状监测的技术要点、采样布点的原则、方法；噪声环境影响评价的工作程序和内容。

练习题

1. 选择题

(1) 使人耳能听到感觉的声压，称为听阈，其指标为________ MPa。

A. 20　　B. 2　　C. 0.000 2　　D. 0.2

(2) 使人耳能产生疼痛感觉的声压，成为痛阈，其指标为________ MPa。

A. 20　　B. 2　　C. 0.000 2　　D. 0.2

(3) 噪声有限源的几种情况是________。

A. 无线源长　　B. 点声源

C. 有限源长　　D. $L(r)=L(r_0)-15\lg(r/r_0)$

(4) 从噪声源上降低噪声的方法包括________。

A. 选择低噪声设备　　B. 保持设备正常运转

C. 设地形屏障　　D. 总图布置

(5) 噪声现状评价的主要内容是评价范围内现有的________。

A. 功能区　　B. 现状噪声达标　　C. 受噪声影响人口分布

D. 主要噪声源　E. 气象

2. 填空题

(1) 因为噪声对人体健康的危害主要是听觉本身和由听觉引起的，因此，防护的措施主要是利用隔声的办法阻挡噪声传入人耳。常用的隔声防护用具有________________，这些用具一般可隔声 10～30 dB 左右。

(2) 从 ________上采取措施降低噪声，是一种最根本、最积极的控制方法。

3. 判断题

(1) 声波通过高于声线 0.5 m 以上的密集植物丛时，即会因植物阻挡而产生声衰减。

(2) 工矿企业的噪声环境影响评价区的范围，一般以厂界区为标准，若厂界附近遇有敏感目标时应适当放大，一般外延至 100～300 m 范围内。

4. 简答题

(1) 简述噪声环境和噪声环境污染。

(2) 简述“噪声敏感建筑物”。

(3) 简述国内噪声环境影响评价的基本内容。

9 生态环境影响评价

本章学习目标

1. 了解生态环境影响评价等级和范围，生态环境的保护途径；
2. 熟悉生态环境影响因素的识别；
3. 掌握生态与环境影响预测的内容、方法；
4. 掌握生态与环境影响评价的工作程序、内容；
5. 了解生态与环境影响减缓措施与替代方案。

9.1 生态环境影响评价概述

目前，学术界把生态环境影响评价分为两大类：一类是评价开发建设活动对自然生态系统结构和功能的影响，不涉及社会、经济环境；另一类不仅评价人类开发建设活动对自然生态系统的影响，而且还分析和预测对经济、社会环境所造成的影响，其对象是自然—经济—社会复合生态系统。显然，后者所涉及的范围很广泛，并且世界上完全不受人类活动影响的自然生态系统几乎是不存在的，生态环境影响评价必然要涉及人类社会、经济等诸方面。因此，我国《环境影响评价技术导则 非污染生态影响》（HJ/T 19—1997）中将生态环境影响评价定义为："生态环境影响评价通过定量揭示和预测人类活动对生态影响及其对人类健康和经济发展作用的分析确定一个地区的生态负荷或环境容量。"

由于复合生态系统的自然、经济、社会三者的关系错综复杂，给评价带来了极大的困难，使生态环境影响评价比大气、水、土壤等评价复杂得多。目前，在实践中，仍然以自然生态系统的评价为主，适当对社会、经济的某些问题进行分析和评价。

9.1.1 生态环境影响评价等级和范围

（1）生态环境影响评价的级别

根据评价项目对生态影响的程度和影响范围的大小，我国《环境影响评价技术导则 非污染生态影响》（HJ/T 19—1997）将生态环境影响评价工作级别划分为 1、2、3 级，见表 9—1。

经过对工程和项目所在区域进行初步分析，选择 1～3 个方面的主要生态影响，依据表 9—1 列出的生态影响及生态因子变化的程度和范围进行工作级别划分，如果选择的生态影响多于 1 个，则依据其中评价级别高的影响确定整个评价工作级别。

2 级以上项目的评价，要满足生态完整性的需要，对生态影响是否超越了项目所在区域的生态负荷或环境容量进行分析确定。

3 级项目的评价可以从简，但也要对主要生态影响进行分析确定。

表 9—1　　生态环境影响评价工作级别（1、2、3 级）

主要生态影响及其变化程度	工程影响范围		
	＞50 km²	20～50 km²	＜20 km²
生物群落			
生物量减少（＜50%）	2	3	/
生物量锐减（≥50%）	1	2	3
异质性程度降低	2	3	/
相对同质	1	2	3
物种的多样性减少（＜50%）	2	3	/
物种的多样性锐减（≥50%）	1	2	3
珍稀濒危物种消失	1	1	1
区域环境			
绿地数量减少，分布不均，连通程度变差	2	3	/
绿地减少 1/2，分布不均，连通程度变极差	1	2	3
水和土地			
荒漠化	1	2	3
理化性质改变	2	3	/
理化性质恶化	1	2	3
敏感地区	1	1	1

（2）生态环境影响评价的范围

生态因子之间互相影响和相互依存的关系是划定评价范围的原则和依据。非污染生态影响评价的范围主要根据评价区域与周边环境的生态完整性及敏感生态目标的保护需要来确定。

对于 1、2、3 级评价项目，要以重要评价因子受影响的方向为扩展距离，一般分别不能小于 8～30 km，2～8 km 和 1～2 km。评价项目一般应包括：直接作用区，指生态系统可能受到拟建项目各种活动的直接影响的地区；间接作用区，指与环境污染物运输、食物链转移及动物的迁移或洄游行为有关的间接影响地区；对照区，为了对比和提供某些背景资料而选择的与评价区自然生态条件相似的其他地区。由于生态系统结构的完整性，运行特点和生态环境功能都是在较大的时空范围内才能完全和清晰地表现出来，因此，生态环境影响评价的时空范围宜大不宜小。

9.1.2　生态环境影响因素识别

生态环境影响识别是一种定性的宏观的生态影响分析，其目的是明确主要影响因素、受影响的主要生态系统和生态因子，从而筛选出评价工作的重点内容。影响识别包括影响因素、影响对象、影响的性质和程度识别三个方面。

(1) 影响因素识别

这是对作用主体即开发建设项目的识别。其目的是明确主要作用因素，主要包括以下四个方面：

1) 作用主体，包括主要工程和全部辅助工程。

2) 项目实施的时间，包括设计期、施工期、运营期以及死亡期的影响识别。

3) 项目实施的空间，识别集中开发建设地和分散的影响点，永久占地和临时占地等影响因素。

4) 项目影响的方式，识别长期作用和短期作用、直接作用和间接作用等。

(2) 影响对象的识别

这是对影响受体即生态环境的识别，主要包括以下四个方面。

1) 对生态系统组成要素的影响，如组成生态系统的生物因子（动物和植物）和非生物因子（水分和土壤）。

2) 对区域主要生态问题的影响，如水土流失、沙漠化、各种自然灾害等。

3) 对敏感生态保护目标的影响，如水源地、水源林、风景区、自然保护区、珍稀濒危动植物、特别生境、脆弱生态系统等。

4) 对地方要求的特别生态保护目标的影响，如文物古迹、特产地、自然遗迹及其他特别有纪念意义或科学价值的地方。

(3) 影响的性质与程度的识别

这是对影响作用产生的生态效应的识别，主要包括以下三个方面：

1) 影响的性质：例如，是正或负影响、是可逆或不可逆影响、是长期或短期影响、是累积影响或非累积影响。

2) 影响的程度：影响发生的范围大小、剧烈程度，持续时间的长短，是否影响到生态系统的主要组成因素等。

3) 影响识别的方法及其表达可采用列表清单法和矩阵法等。

9.2　生态环境现状评价

9.2.1　生态环境现状调查

生态环境现状调查是实施生态环境影响评价的基础性工作，其主要内容包括对自然环境状况和社会经济状况的调查。

(1) 自然环境状况调查

自然环境状况调查包括基本特征调查和有关资料的收集。

1) 自然环境基本特征调查：包括评价区内地理特征因素，如行政区域、地形地貌、坡向坡度、海拔、经度、纬度等；地质构造；气象气候因素；水文状况；自然资源状况，如水资源、土壤资源、动植物资源；项目拟建区域人类开发历史、开发方式和强度；项目拟建区域自然灾害及其对生境的干扰破坏情况；区域生态环境演变的基本特征等。

2）基础图件收集与编制，主要收集地形图、土地利用现状图、植被图、土壤侵蚀图等。当已有图件不能满足评价要求时，1级项目要应用遥感和地面勘察、勘测、采样分析相结合的方法编制各种基础信息图件。

（2）社会经济状况调查

社会经济状况的调查主要包括以下四个方面：

1）社会结构情况调查：如人口密度、人均资源量（人均土地资源、人均水资源）、人口年龄构成、人口发展状况、生活水平、科技和文化水平等。

2）经济结构与经济增长方式调查：如产业构成的历史、现状及发展，自然资源的利用方式和强度等。

3）移民问题调查：包括迁移规模、迁移方式、预计移民区产业情况、住区情况及潜在的生态问题和敏感因素。

4）自然资源的调查：如农业资源、气候资源、海洋资源、植被资源、矿产资源、土地资源等的储藏情况和开发利用情况等。

9.2.2 生态环境现状评价

（1）生态环境现状评价内容

生态环境现状评价是在区域生态环境基本特征调查的基础上对区域生态环境功能状况进行评价。2级以上项目的生态现状评价要在生态制图的基础上进行；3级项目的生态现状评价必须配有土地利用现状图等基本图件。评价生态现状应选用植被覆盖率、频率、密度、生物量、土壤侵蚀程度、荒漠化面积、物种数量等测算值、统计值来支持评价结果。

生态环境现状评价，要回答的主要问题，内容包括：

1）从生物多样性及生态完整性的角度评价环境质量现状，即注意区域环境的功能与稳定状况。

2）用可持续发展观点评价自然资源现状、发展趋势和承受干扰的能力。

3）植被破坏、荒漠化、珍稀濒危动物和植物物种消失、自然灾害、土地生产能力下降等重大资源环境问题及其产生的历史、现状和发展趋势。

（2）生态环境现状评价方法

生态环境现状评价可以用定性与定量相结合的方法进行。常用的方法有图形叠置法、列表清单法、系统分析法、类比法、生态机理分析法、质量指标法、景观生态法、生产力评价法、数学评价法等。

1）图形叠置法。是麦克哈格（McHarg）于1968年提出的利用叠置地图进行环境评价的方法。克劳斯科普夫（Krauskopf）和邦德（Bunde）在1972年将此法加以发展。该方法把两个或更多的环境特征重叠表示在同一张图上，构成一份复合图，用以在开发行为影响所及的范围内，指明被影响的环境特性及影响的相对大小。该方法应用较简单，便于作宏观分析，但定量程度差。它的作用在于预测和评价某一地区适合开发的程度，识别供选择的地点或路线。曾用于公路选线和沿海地区开发的影响评价。

2）生态机理分析法。动物或植物与其生长环境构成有机整体，当开发项目影响植物生长环境时，对动物或植物的个体、种群和群落也产生影响。按照生态学原理进行影响预测的步骤如下：

①调查环境背景现状和收集有关资料。

②调查植物和动物分布，动物栖息地和迁徙路线。

③根据调查结果分别对植物或动物按种群、群落和生态系统进行划分，描述其分布特点、结构特征和演化等级。

④识别有无珍稀濒危物种及重要经济、历史、景观和科研价值的物种。

⑤观测项目建成后该地区动物、植物生长环境的变化。

⑥根据兴建项目后的环境（水、气、土和生命组分）变化，对照无开发项目条件下动物、植物或生态系统演替趋势，预测动物和植物个体、种群和群落的影响，并预测生态系统演替方向。

评价过程中有时要根据实际情况进行相应的生物模拟试验，如环境条件，生物习性模拟试验、生物毒理学试验、实地种植或放养试验等；或进行数学模拟，如种群增长模型的应用。该方法需要较翔实的生态学知识，有时还需要与生物学、地理学、水文学、数学及其他多学科合作评价，才能得出较为客观的结果。

3）类比法。可分成整体类比和单项类比。整体类比是根据已建成的项目对植物、动物或生态系统产生的影响来预测拟建项目的影响。该方法需要被选中的类比项目在工程特性、地理地质环境、气候因素、动物和植物背景等方面都与拟建项目相似，并且项目建成已达到一定年限，其影响已基本趋于稳定。再调查类比项目的植被现状，包括个体、种群和群落的变化，以及动物、植物分布和生态功能的变化情况，之后再根据类比项目的变化情况预测拟建项目。

由于自然条件千差万别，在进行生态环境影响评价时很难找到完全相似的两个项目，因此，单项类比或部分类比可能更实用一些。

4）列表清单法。该方法是利特（Little）等人在 1971 年提出，目前已被许多国家的 EIA 人员用于各种各样的 EIA 工作中。其基本做法是将实施的开发活动和可能受影响的环境因子分别列于同一张表格的列与行，在表格中用不同的符号判定每项开发活动与对应的环境因子的相对影响大小。该方法使用方便，但不能对环境影响程度进行定量评价。

5）质量指标法。是环境质量评价中常用的综合指数法的拓展形式。其基本原理是：通过对环境因子性质及变化规律的研究与分析，建立其评价函数曲线，通过评价函数曲线，将这些环境因子的现状值（项目建设前）与预测值（项目建设后）转换为统一的无量纲的环境质量指标，由好至差用 1～0 表示，由此可计算出项目建设前、后各因子环境质量指标的变化值。最后，根据各因子的重要性赋予权重，再将各因子的变化值综合起来，便得出项目对生态环境的综合影响。

该方法的核心问题是建立环境因子的评价函数曲线，通常是先确定环境因子的质量标准，再根据不同标准规定的数值确定曲线的上、下限。对于已被国家标准或地方标准明确规定的环境因子，如水、大气等，可以直接用标准值确定曲线的上、下限；对于一些无明确标准的环境因子，需要对其进行大量工作，选择其相对的质量标准，再用以确定曲线的上、下限。权值的确定大多采用专家咨询法。

6）景观生态学方法。景观生态学对生态环境质量状况的评判是从两个方面进行的：一是空间结构分析；二是功能与稳定性分析。这是因为景观生态学认为，景观的结构与功能是相当匹配的，且增加景观异质性和共生性也是生态学和社会学整体论的基本原则。

空间结构分析基于景观是高于生态系统的自然系统，是一个清晰的和可度量的单位。景观由拼块、模地和廊道组成，其中模地是景观的背景地块，是景观中一种可以控制环境质量的组分。因此，模地的判定是空间结构分析的重要内容。判定模地有三个标准，即相对面积大、连通程度高、有动态控制功能。模地的判定多借用传统生态学中计算植被重要值的方法。决定某一拼块类型在景观中的优势，也称优势度值（D_o）。优势度值由密度（R_d）、频率（R_f）和景观比例（L_p）三个参数计算得出。

上述分析同时反映自然组分在区域生态环境中的数量和分布，因此能较准确地表示生态环境的整体性。

7）系统分析法。因其能妥善地解决一些多目标动态性问题，目前已广泛应用于各行各业，尤其在进行区域规划或解决优化方案选择问题时，系统分析法显示出其他方法所不能达到的效果。

在生态系统质量评价中使用系统分析的具体方法有专家咨询法、层次分析法、模糊综合评判法、综合排序法、系统动力学、灰色关联等方法，这些方法原则上都适用于生态环境影响评价。这些方法的具体操作过程可查阅有关书刊。

同一评价对象可用多种方法评价，针对评价对象特点与要求进行选择。

9.3　生态环境影响预测

生态环境影响预测是在生态环境现状调查、工程调查与分析、生态现状评价的基础上，有选择、有重点地对某些评价因子的变化和生态环境功能变化进行预测。因为拟建项目类型、对环境作用方式、评价级别和目的要求不同，对于生态环境影响评价采用的方法、内容和侧重点也不同。有的用定性描述，有的用定量或半定量评价；有的侧重对生态系统中生物因子的评价，有的侧重对生态系统中物理因子的评价；有的侧重评价拟建项目的生态系统效应，有的侧重评价生态系统污染水平变化。

根据《环境影响评价技术导则　非污染生态影响》，生态环境影响预测内容要根据工程影响途径、现状调查成果来确定。如果没有敏感的生态保护目标，要就工程对评价区自然系统生态完整性的影响进行预测；如果存在敏感的生态保护目标，则还要增加对敏感生态保护目标影响的预测内容。

（1）自然资源开发项目对区域生态环境（主要包括对土地、植被、水文和珍稀濒危动、植物物种等生态因子）影响的预测内容包括：

1）是否带来某些新的生态变化。

2）是否使某些生态影响严重化。

3）是否使生态问题发生时间与空间上的变更。

4）是否使某些原来存在的生态问题向有利的方向发展。

（2）3 级项目要对关键评价因子（如对绿地、珍稀濒危物种、荒漠等）进行预测；2 级项目要对所有重要评价因子均进行单项预测；1级项目除进行单项预测外，还要对区域性全方位的影响进行预测。

(3) 为便于分析和采取对策，要将生态影响划分为：有利影响与不利影响；可逆影响与不可逆影响；近期影响与长期影响；一次影响与累积影响；明显影响与潜在影响；局部影响与区域影响。

(4) 要根据不同因子受开发建设影响，在时间和空间上的表现和累积情况进行预测评估。从时间分布上可以表现为年内（月份）和年际（准备期、施工期、运转期）变化两个方面。从空间分布上可以划分为宏观（开发区域及其周边地区）和微观（影响因子分布）两个部分。

(5) 自然资源开发建设项目的生态影响预测要进行经济损益分析。

生态环境影响预测一般采取类比分析、生态机理分析、景观生态学的方法进行文字分析与定性描述，也可以辅之以数学模拟进行预测。

9.4 生态环境影响评价

9.4.1 生态环境影响评价内容

自然资源开发项目中的生态环境影响评价是指现状评价和预测评价。在预测评价中应对施工期和运行期的环境影响分别评估或分析，对远期运行情况进行预测。其主要内容包括：生物多样性的完整度和衰减率；生态系统及其服务功能的完整性与演替趋势；环境与景观生态的完善度、破碎性、边缘化和退化程度；生物入侵的现状及其深远影响；生物群落组成结构现状与变异趋势；资源环境的丰度和衰减度；生态环境演变可能引起的对社会经济发展及公众福利的影响等。

9.4.2 生态环境影响评价工作程序

生态环境影响评价的工作程序与环境影响评价相一致，可分为生态环境影响识别、现状调查与评价、影响预测与评价、减缓措施与替代方案四个步骤。如图9—1所示。

9.4.3 生态环境影响减缓措施与替代方案

自然资源开发项目中的生态环境影响评价应根据区域的资源特征和生态特征，按照资源的可承载能力，论证开发项目的合理性，对开发方案提出必要的修正，提出防止不良影响的措施，以保证生态系统的多样性，使生态环境得到可持续发展。

(1) 制定减缓措施的原则

制定生态影响减缓措施要遵守以下原则：

1) 凡涉及珍稀濒危物种和敏感地区等类生态因子发生不可逆影响时，必须提出可靠的保护措施和方案。

2) 凡涉及尽可能需要保护的生物物种和敏感地区，必须制定补偿措施加以保护。

3) 对于再生周期长、恢复速度较慢的自然资源损失要制定补偿措施。

4) 对于再生周期短的资源损失，当其恢复的基本条件没有发生逆转时，不必制定补偿措施。

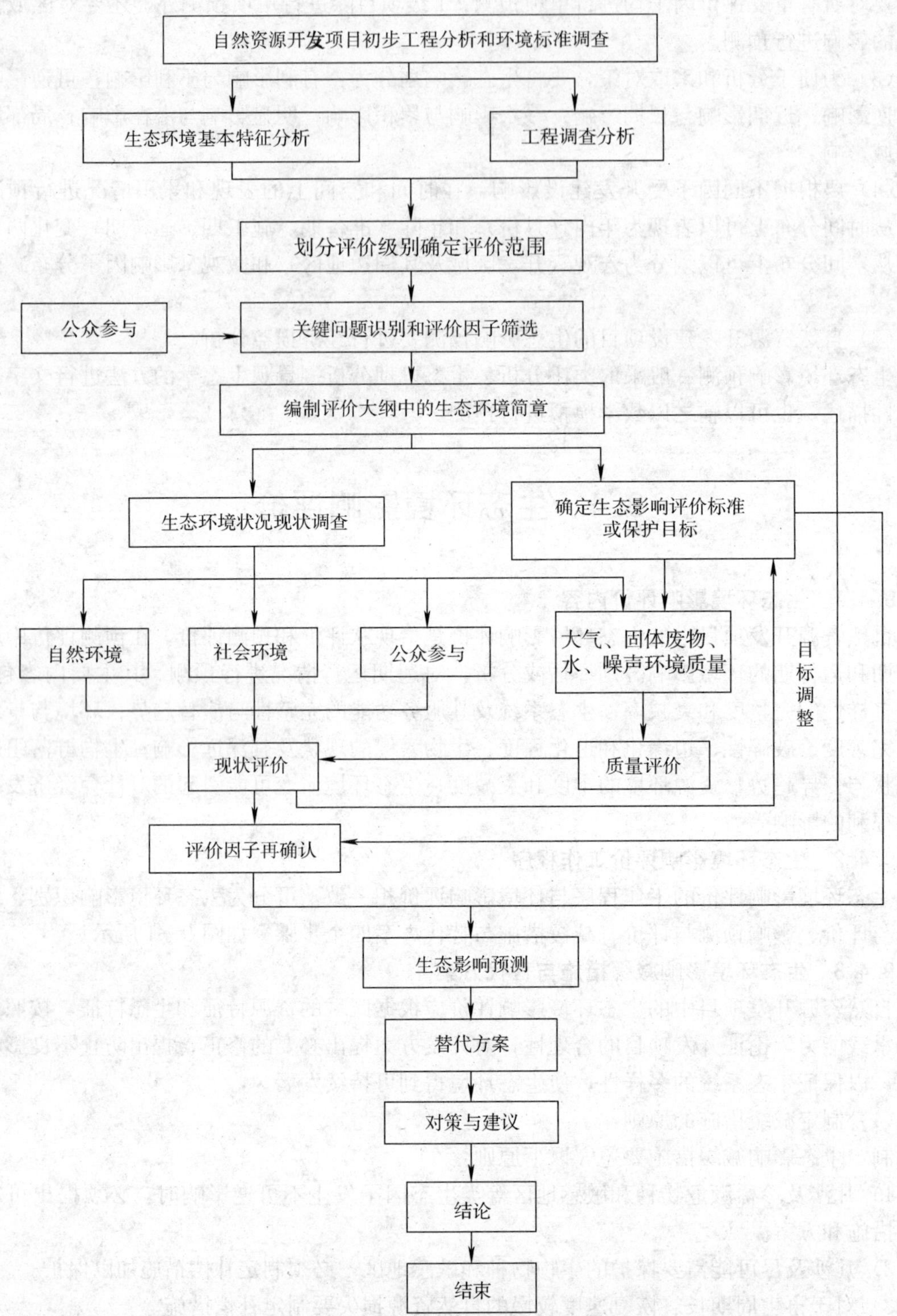

图 9—1　生态环境影响评价技术工作程序

5）需制定区域的绿化规划。

（2）实施减缓措施的途径

1）保护：贯彻“预防为主”的思想和政策，预防性保护是优先考虑的措施。

2）恢复：通过事后努力而使生态系统的结构或环境功能得到一定程度的修复。

3）补偿：重建一种生态系统，以补偿因开发建设活动而损失的环境功能的措施。

4）建设：采取改善区域生态环境，建设具有更高环境功能的生态系统的措施。

（3）替代方案

从保护生态环境出发，生态环境影响评价必须考虑各种减轻或消除拟建项目的不利影响的替代方案。

替代方案主要指开发项目的规模、选址（线）的可替代方案，包括项目环境保护措施的多方案比较。大多数生态环境影响评价报告须提出替代方案。

本章小结

本章主要讲述生态环境影响评价等级和范围；生态环境的保护途径；生态环境影响因素的识别；生态环境影响预测的内容、方法；生态环境影响评价的工作程序、内容；生态环境影响减缓措施与替代方案。

练习题

1. 选择题

（1）对于一影响范围为 20～50 km^2 的工程，使其所在区域内的生物量减少量≥50%，则生态影响的评价等级应为________级。

A. 1　　B. 2　　C. 3　　D. 4

（2）生态环境影响因素识别主要包括________。

A. 作用主体　　B. 项目实施的时间

C. 项目实施的空间　　D. 项目影响的方式

（3）影响对象的识别主要包括________。

A. 对生态系统组成要素的影响

B. 对敏感生态保护目标的影响

C. 对地方要求的特别生态保护目标的影响

D. 对生态系统组成要素的影响

（4）社会经济状况的调查主要包括________。

A. 社会结构情况调查　　B. 经济结构与经济增长方式调查

C. 移民问题调查　　D. 自然资源调查

（5）自然资源开发项目对区域生态环境影响的预测内容包括________。

A. 是否带来某些新的生态变化

B. 是否使某些生态影响严重化

C. 是否使生态问题发生时间与空间上的变更

D. 是否使某些原来存在的生态问题向有利的方向发展

2. 填空题

（1）________________________的关系是划定评价范围的原则和依据。

（2）我国《环境影响评价技术导则　非污染生态影响》（HJ/T 19—1997）将生态影响评价工作级别划分为________级。

（3）生态环境影响评价的范围一般应包括：________、________、________。

（4）生态环境影响识别包括________、________、________和________四个方面。

（5）生态环境现状评价常用的方法有________、________、________、________、________、________、________、________、________等。

（6）生态环境影响评价的工作程序与环境影响评价相一致，可分为________、________、________、________四个步骤。

3. 判断题

（1）生态环境影响评价的时空范围宜大不宜小。

（2）生态环境现状调查是实施生态环境影响评价的基础性工作，其主要内容包括对自然环境状况和社会经济状况的调查。

（3）自然环境状况调查包括基本特征调查和有关资料的收集。

（4）生态环境现状评价用可持续发展观点评价自然资源现状、发展趋势和承受干扰的能力。

（5）生态环境影响预测是在生态环境现状调查、工程调查与分析、生态现状评价的基础上，有选择有重点地对某些评价因子的变化和生态环境功能变化进行预测。

（6）生态环境影响预测，1 级项目除进行单项预测外，还要对区域性全方位的影响进行预测。

4. 简答题

（1）简述生态环境影响评价工作等级划分的原则和依据。

（2）说明生态环境现状调查和评价的主要内容。

（3）写出生态环境影响评价的基本工作程序。

（4）人类活动影响生态环境的减缓措施有哪些？

10 社会经济环境影响评价

本章学习目标

1. 了解社会经济环境影响评价的意义；
2. 了解社会经济环境影响评价的内容与范围；
3. 掌握社会经济环境影响评价的程序、方法。

10.1 社会经济环境影响评价概述

社会经济环境作为人类生存环境的中心层次，其质量的好坏直接影响到人类的切身利益、地区的稳定发展和国家的长治久安。社会经济环境的状况、变化趋势也影响到人与自然资源、环境联系的方式和趋向。在一个贫困动荡的社会里不可能进行科学合理的经济建设，更谈不上维护自然环境。所以，社会经济环境无论作为受影响的对象还是作为施加和传递影响的原因，都是环境影响评价应当重视的。特别是某些存在长期影响的区域开发和大型工程建设项目，更应该将社会经济环境的影响作为环境影响评价的重要内容，并成为区域开发或建设项目可行性研究和规划、决策的重要依据。

10.1.1 社会经济环境影响评价的目的

社会经济环境影响评价是开发建设项目环境影响评价的重要组成部分。一些开发建设项目对外界社会经济环境常常带来极为显著的影响，其影响包括有利影响和不利影响。一个建设项目对社区的影响可能包括人口迁移、改变社会结构、扰乱社区的稳定性，同时也可能增加社区的经济发展潜力以及提高或降低社区人口的收入水平等。

社区人口对开发建设项目所产生的社会经济环境影响极其敏感和关注，这些影响会改变他们目前和将来的生存和生活质量。由于开发建设项目所产生的社会经济环境影响既包括有利方面也包括不利方面；既可能使一些人受益，也可能使另一些人受损。因此，社会经济环境影响评价应给出项目可能产生的有利和不利社会经济影响，以及社区人口受益和受损的情况，通过采取一定措施来增加项目的有利社会经济环境影响和受益人数，减少项目的不利影响和受损人数，并尽可能对此加以补偿。对一些社会经济效益显著，但对环境损害严重的大型项目，有必要研究项目的社会经济效益以及进行环境经济分析，通过费用—效益或费用—效果分析来给出项目的社会经济效益是否能够补偿或在多大程度上补偿由项目造成的环境损失，由此而对项目的整体效益进行综合评价。

社会经济环境影响评价的目的就是通过分析项目对社会经济环境产生的各种影响，提出防止或减少项目在获取效益时可能出现的各种不利社会经济环境影响的途径或补偿措施，进行社会效益、经济效益和环境效益的综合分析，使开发建设项目的论证更加充分可靠，项目的设计和实施更加完善。

10.1.2 社会经济环境影响评价因子识别

社会经济环境影响评价因子就是在社会经济环境影响评价范围内受拟建项目影响的那些社会经济环境要素，这些要素一定要能从总体上反映目标人口因其社会经济环境受拟建项目影响的情况。

(1) 社会影响评价因子

1) 目标人口。项目影响区域内的人口总数、人口密度、人口组成、人口结构等现状情况，受拟建项目影响人口现状情况的变化，现实受损者和潜在受益者人数及其比例，人口迁移等方面的情况。

2) 科技文化。当地的传统文化、习俗、科研单位、科研力量、科研水平、学校数量、教学水平、入学等方面的情况。

3) 医疗卫生。当地的医疗设施以及卫生保健等方面的情况、医院的分布与规模、设施和卫生健康等。

4) 公共设置。当地住房、交通、供热、供电、供水、排水、通信以及娱乐设施等方面的情况。

5) 社会安全。当地的凶杀、暴力、盗窃等犯罪率的情况以及交通事故和其他意外事件等。

6) 社会福利。社会保险和福利事业以及生活方式和生活质量等方面的情况。

(2) 经济影响评价因子

1) 经济基础。评价区经济结构、产业布局、国民收入、人均收入水平等情况。

2) 需求水平。根据市场预测对拟建项目产生的市场需求，特别是评价区内目标人口对拟建项目产生的需求。

3) 收入分配。受拟建项目影响，收入分配在目标人口中的变化情况。

4) 就业与失业。受拟建项目影响，目标人口的就业与失业情况。

(3) 美学和历史学环境影响因子

1) 美学。受拟建项目影响的自然景观、风景区、游览区以及人工景观等具有美学价值的景点。

2) 历史学。受拟建项目影响的历史遗址、文物古迹、纪念碑等具有历史价值的场所。

10.1.3 社会经济环境影响评价分类

在社会经济环境影响评价中进行项目筛选与整个环境影响评价项目筛选相类似，要在评价初期阶段进行。通过项目筛选来确定拟建项目的类别，并以此决定项目是否需要进行社会经济环境影响评价以及所要求的评价深度和广度。这里参照国际金融组织世界银行和亚洲开发银行的项目分类原则，并主要根据项目的社会经济环境影响大小来进行分类：

（1）S1类项目

拟建项目对外界社会经济环境无影响或影响较小（如技术改造项目以及项目远离社区或项目外界无敏感区等情况）。由于此类项目主要产生内部经济性效果，对外界社会经济环境影响较小，所以一般无需进行单独的社会经济环境影响评价，只需把可研究报告中有关的社会经济分析内容并入环境影响报告书中即可。

（2）S2类项目

拟建项目对外界社会经济环境产生有利和不利的影响（如能源及一般工业项目等）。除一些特殊大型项目以及外界社会经济环境较敏感的区域（如少数民族居住区及文物古迹保护区等）外，一般只要求进行社会经济环境影响简评，并将其并入环境影响报告书中。

（3）S3类项目

拟建项目主要产生有利的社会经济环境影响。此类项目包括脱贫以及改善社会经济环境等项目（如农村和农业发展项目、贫穷落后地区的开发项目、基础设施项目及社会福利项目等）。由于此类项目旨在提高社会经济福利总水平，所以是世界银行、亚洲开发银行等国际金融组织关注和投资的重点。此类项目一般要求对社会经济环境影响详细评价，充分论证项目的社会经济效益或效果，这部分评价内容可并入环境影响报告书中。

（4）S4类项目

拟建项目对外界社会经济环境产生严重不利影响，或外界环境极为敏感以及任何具有相当数量移民的项目（如项目产生大量人口失业和引起项目周围地区居民生活水平降低，项目影响区内域有国家重点文物保护区和少数民族集中区，以及大坝、高速公路和机场等引起大量人口迁移的项目等）。此类项目要求对社会经济环境影响进行详细评价，一般要求进行社会经济环境专题评价并形成专题报告书。

10.1.4 社会经济环境影响评价的经济学概念

社会经济环境：以人（人体或人群）为中心，由人类创造的一切产品和副产品及其关系、状态和过程的总体。

社会经济环境影响评价是对拟议中的项目或政策建议所可能引起的一个地区的社会组成、社会结构、人地关系、地区关系、经济发展、文化教育、娱乐活动、服务设施等的影响进行评价。

社会经济环境影响评价经济学是政治经济学和社会经济理论以及其他经济理论相结合而形成的一门新的经济理论。它是研究社会经济环境影响评价的产生、发展，在国民经济中的地位、作用，社会经济环境影响评价的本质特征、活动规律和社会经济环境影响评价发展趋势的科学。

10.2　社会经济环境影响评价的内容与范围

10.2.1　社会经济环境影响评价的内容

（1）社会经济环境影响及主要环境问题

根据社会经济环境影响现状调查分析，给出拟建项目的社会经济环境影响评价因子，并分析影响程度和类别，进而给出各类影响可能产生的主要环境问题及其效果。

1）有利影响和不利影响。有利影响表现为建设项目促进社会经济发展的方面，如由于拟建项目而增加了目标人口收入，创造了就业机会等，这也是建设项目的目的。不利影响主要表现为阻碍社会经济发展的方面，如由项目而引起的人口迁移、交通拥挤等，对于此类不利影响，我们要进行客观的评价和综合分析，提出避免或减轻这类影响的措施。

2）现实影响和潜在影响。现实影响在项目施工和运行过程中能直观出现，并通过一定现象很快就能表现出来。例如，修建高速公路过程中需要移民，所以对这些迁居者的社会经济影响是肯定存在的，其影响可以通过迁居及重新定居的社会经济状况发生变化表现出来。潜在影响在项目实施和运行过程中很难直接表现出来，往往存在较长的潜伏期。例如，由于修建高速公路的移民，则会通过对迁居地或附近居民的社会经济状况产生潜在的影响，这些影响需要通过可靠的预测及项目实施和运行期的管理监测来进行评价鉴别。

3）直接影响和间接影响。直接影响是开发建设项目和某一社会经济环境要素之间直接作用产生的。例如，某项目投产后排放污水进入当地农民用于灌溉的河流，直接影响到农作物的产量和质量，这就是项目产生的直接影响。间接影响是开发建设项目通过某一媒介对社会经济环境要素发生影响。例如，农作物受到污染，可能会通过食物链影响到人体健康，此处项目对人体健康的影响就属于间接影响。

4）短期影响和长期影响。短期影响和长期影响主要是根据时间来加以区分，其间并没有严格的界限，要视具体情况而定。例如，开发项目建设过程中所产生的社会经济环境影响可视为短期影响，项目投产后由于“三废”的排放所产生的社会经济环境影响则可视为长期影响。

5）可逆影响和不可逆影响。可逆影响是由项目所产生的社会经济环境影响经过人为妥善处理后经过一段时间可以逆转或消失。例如，某一老企业由于建造污水处理厂，使污水达到排放标准，进而使河流水质逐步得到改善，也进一步促使到河流下游的渔业产量得以提高。不可逆影响是指项目产生的影响不可逆转，不能通过人工加以恢复。例如，由于项目污染造成濒危物种的灭绝。

任何一个开发建设项目所产生的社会经济环境影响，其表现形式都是多种多样的，在实际开发评价中无须面面俱到，应该根据实际需要来确定拟建项目社会经济环境影响的一些典型特征，并由此明确该项目所带来的主要社会经济问题。是否会对移民安置区带来间接的、潜在的、不利的和长期的社会经济影响；是否会增加暴力、盗窃等犯罪率以及土地和其他资源争执的发生率等问题；是否会引起交通拥挤、入学困难、医疗设施紧张、物价上涨等方面的问题；是否会破坏当地的传统习俗，引发多种社会矛盾等问题。

（2）社会经济效果

开发建设项目所产生的上述各类影响的程度和后果可以通过社会经济效果来加以评价和度量。为此，我们根据影响方式的不同以及社会经济效果的性质对其分类，由项目所产生的社会经济效果是社会经济环境影响评价的主要内容。

1）正效果和负效果。是与项目的有利影响和不利影响相对应的。一般来说，有利影响产生正的（或好的）社会经济效果，是项目受益人所期望的。例如，项目投产后产出的产品满足了人们的需求并且生产者从中获益，由此产生了正的（或好的）社会经济效果。而不利影响则产生负的（或坏的）社会经济效果，这也是建设者和项目受益人所不期望或要尽量避免的。

2）内部效果和外部效果。内部效果是通过项目自身的财物核算反映出来的。例如，项目的收益、获利、投资回报等都属于内部效果。外部效果并不能在项目的收益或支出中直接反映出来，同时也不是项目本意要产生的效果。例如，项目投产后排放污水，使附近水域鱼类产量下降，产生了负的外部效果，这并不是项目建设者的目的。

3）有形效果和无形效果。有形的社会经济效果一般都是可以用货币加以度量的。例如，由开发建设项目生产的产品带来的经济效益，以及项目排放污染物带来的直接经济损失，都能够通过货币来计量整体效益的增加或减少。难以用货币计量的社会经济效果统称为无形效果。例如，空气污染造成的人体健康和经济损失，城市绿化对净化空气所带来的效果等。此类事物不会在市场上出现，故没有市场价格，但事实上这类社会经济效果又是客观存在的，并表现为一定的支付愿望。

（3）对拟建项目的需求分析

根据社会经济现状调查结果，估算拟建项目的现实和潜在的受益者或受损者的人数及其比例，受益或受损的方式和程度。通过抽样调查或公众参与等方法绘出愿意和不愿意参与项目或赞成和不赞成拟建项目的目标人口数及其比例，进而给出目标人口对拟建项目有多大程度上的需求。如有必要，可以通过需求曲线及效益值来定量描述对拟建项目的需求水平。

亚洲开发银行在所提供的社会经济分析指南中，把目标人口对拟建项目的需求分为三个等级。

1）高。目标人口对拟建项目的潜在效益具有着强烈的需求愿望，积极参与或愿意对项目作出奉献，或积极支持及赞成项目建设。

2）中。目标人口对拟建项目表现出一定的需求愿望，但对参与项目的愿望有限，虽然支持和赞成项目，但态度不积极。

3）低。目标人口对拟建项目产生的各种社会经济问题不满意或抱有成见，不愿意参与项目，也不支持和赞成项目的建设。

（4）社会经济发展水平影响分析

除了进行必要的拟建项目的财务分析外，还要对拟建项目对其影响区域的社会经济总体发展水平进行分析。社会经济环境影响分析主要包括拟建项目对人口状况、收入状况、科技文化、医疗卫生、公共设施、社会福利、社会安全、就业失业等社会经济影响因子的影响，对拟建项目所产生的各种社会经济影响进行影响效果分析。

1）收入分配的合理性。通过实际收入百分数对目标人口百分数作图，给出反映收入分配平均水平程度的曲线或称为洛伦兹曲线。洛伦兹曲线研究的是国民收入在国民之间的分配问题，它是美国统计学家（或说奥地利统计学家）M. O. 洛伦兹（Max Otto Lorenz，1903—1907 年，或 1903—1905 年）提出的。它先将一国人口按收入由低到高排队，然后考虑收入最低的任意百分比人口所得到的收入百分比。例如，收入最低的 20%人口、40%人口等所得到的收入比例分别为 3%、7.5%等，见表 10—1，将这样的人口累计百分比和收入累计百分比的对应关系描绘在图形上，即得到洛伦兹曲线。

表 10—1　　收入分配资料　　%

人口累计	收入累计	人口累计	收入累计
0	0	20	3
40	7.5	60	29
80	49	100	100

如图 10—1 所示，图中横轴 OH 表示人口（按收入由低到高分组）的累积百分比，纵轴 OM 表示收入的累积百分比，弧线 OL 为洛伦兹曲线。

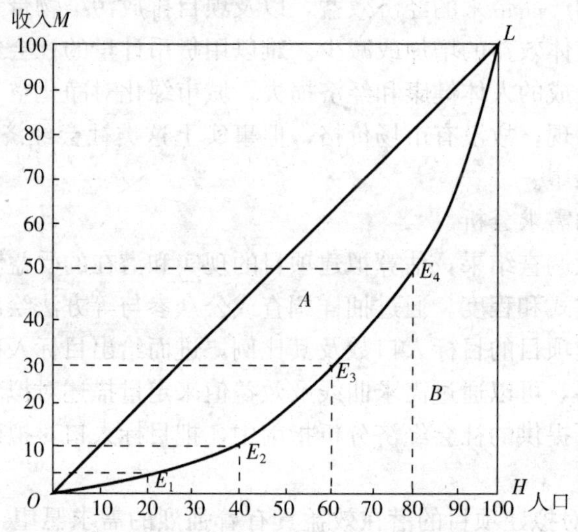

图 10—1　收入分配平均程度曲线

将洛伦兹曲线与 45°线之间的部分 A 叫做“不平等面积”，当收入分配达到完全不平等时，洛伦兹曲线成为折线 OHL，OHL 与 45°线之间的面积 $A+B$ 叫做“完全不平等面积”。不平等面积与完全不平等面积之比，成为基尼系数，是衡量一国贫富差距的标准。显然，基尼系数不会大于 1，也不会小于 0。

洛伦兹曲线用以比较和分析一个国家在不同时代或者不同国家在同一时代的财富不平等，该曲线作为一个总结收入和财富分配信息的便利的图形方法得到广泛应用。通过洛伦兹曲线，可以直观地看到一个国家收入分配平等或不平等的状况。完整的洛伦兹曲线图是一个正方形，正方形的底边即横轴代表收入获得者在总人口中的百分比，正方形的左边即纵轴显示的是各个百分比人口所获得的收入的百分比。从坐标原点到正方形相应另一个顶点的对角线为均等线，即收入分配绝对平等线，这一般是不存在的。实际收入分配曲线即洛伦兹曲线都在均等线的右下方（如基尼系数解释中的图）。洛伦兹曲线就是，在一个总体（国家、地区）内，以“最贫穷的人口计算起一直到最富有人口”的人口百分比对应各个人口百分比的收入百分比的点组成的曲线。

洛伦兹曲线的弯曲程度有重要意义。一般来讲，它反映了收入分配的不平等程度。弯曲程度越大，收入分配越不平等，反之亦然。特别是，如果所有收入都集中在一人手中，而其余人口均一无所获时，收入分配达到完全不平等，洛伦兹曲线成为折线 *OHL*；另一方面，若任一人口百分比均等于其收入百分比，从而人口累计百分比等于收入累计百分比，则收入分配是完全平等的，洛伦兹曲线成为通过原点的 45°线 *OL*。

一般来说，一个国家的收入分配，既不是完全不平等，也不是完全平等，而是介于两者之间。相应的洛伦兹曲线，既不是折线 *OHL*，也不是 45°线 *OL*，而是像图中这样向横轴突出的弧线 *OEL*，尽管突出的程度有所不同。

1922 年，意大利统计学家基尼（K. Gini，1884—1965 年）根据洛伦兹曲线，提出一个定量测定收入分配差异程度的指标，用来反映一个国家贫富的差距，称之为基尼系数。基尼系数越大，则收入分配越不平均；基尼系数越小，则收入分配越接近平均。基尼系数最小等于 0，表示收入分配绝对平均；最大等于 1，表示收入分配绝对不平均。基尼系数提供了拟建项目对收入分配的影响，即目标人口中实际收入分配平均程度的指标，被西方经济学家普遍公认为一种反映收入分配平等程度的方法，也被现代国际组织（如联合国）作为衡量各国收入分配的一个尺度。可以把基尼系数看做是简单判断收入平等或不平等相对水平的总指数。

按国际上通用的标准：基尼系数小于 0.2 表示绝对平均；0.2～0.3 表示比较平均；0.3～0.4 表示基本合理；0.4～0.5 表示差距较大；0.5 以上表示收入差距悬殊。

2）承受能力分析。在项目建设期和生产期，由于受其影响区域的社会经济状况发生变化，可能会产生有利的和不利的影响，或正的和负的效果。有利影响或正效果是我们所期望的，然而一些不利影响或负效果在项目实施过程中也客观存在着。在一般情况下，项目所产生的负效果可以通过正效果得到补偿，因而项目为大众所接受，但有时项目可能会产生一些令目标人口或部分目标人口难以承受的影响或效果，诸如目标人口迁居、失业、伤亡风险等严重损害的结果，一定要慎重对待，需要进行充分的分析论证，评价出目标人口对拟建项目的承受能力水平。

3）美学及历史学环境影响分析。通过现状调查给出评价区内自然景观、人工景观、文物古迹保护区的数量、保护级别、分布范围、保护现状及保护价值。由于美学和历史学环境的特殊性，在进行此类环境影响分析时，要依据《文物保护法》及有关的《风景名胜区条例》来开展评价工作，同时在评价过程中要注意咨询文物古迹、风景园林、美学和历史学等方面专家的意见。

10.2.2　社会经济环境影响评价的范围

（1）社会经济环境影响评价的范围

社会经济环境影响评价范围是由目标人口确定的。凡属目标人口的范畴都可以划为社会经济环境影响评价的范围。目标人口是指受拟建项目直接或间接影响的那部分人口。目标人口所在社区的范围即为社会经济环境影响评价的范围。当拟建项目对自然环境和社会经济环境产生影响的区域或范围不同时，则两者所确定的评价范围也应该不同。例如，建造水坝对库区的自然环境和社会经济环境都会产生影响。自然环境影响评价范围可以确定为库区范围。但由于库区内人口迁移会对移民安置区的社会经济环境产生影响，因此，社会经济环境影响评价范围应包括库区及移民安置区，其中目标人口包括库区人口（直接目标人口）和移民安置区人口（间接目标人口）。

为了开展社会经济环境影响评价的实际需要，可以根据目标人口的行政区划分和功能分区、收入水平和职业的不同、民族和文化素养的差异以及受拟建项目影响的程度和受益情况的区别等把目标人口划分为若干层次或部分。目标人口的划分原则和方法要视具体情况而定，并无统一标准可供遵循。

（2）社会经济环境影响评价中的敏感区

在世界银行和亚洲开发银行社会经济环境影响评价中特别关注一些社会经济敏感区，并指出要加强对这些区域的社会经济环境影响评价。当拟建项目对敏感区的社会经济环境产生较大程度影响时，社会经济环境影响评价深度可不受项目筛选制约，一般要求进行社会经济环境影响详细评价或针对某些社会经济环境要素进行专项评价。

1）少数民族居住区。当拟建项目所影响区域为少数民族居住区时，社会经济环境影响评价显得尤为重要。在评价中要依据我国有关少数民族的方针和政策，注重少数民族的习俗，充分征求他们对拟建项目的意见，要经常和少数民族政府以及民间机构取得联系，互通信息，以便及时解决可能出现的多种社会经济环境问题。同时要注意少数民族的生活习惯、传统观念以及适应能力等方面的情况。少数民族居民可能会受到由于拟建项目所带来的社会无序化和贫困化的冲击，由此可能会带来一定的潜在社会风险因素，对此一定要给予充分重视。

2）农业区。如果一个开发建设项目占用大量的农田、菜地等耕地，由此会造成当地农民丧失生存和生活最基本的生产资料，以及引起移民和对移民安置地产生影响。因此，在社会经济环境影响评价中要对占地拆迁引起农业生产现实和潜在损失，以及由于粮食和蔬菜供给能力下降而引起当地及邻地居民生活水平下降等问题，对这些人的赔偿和补偿及长期生活安置问题，移民安置区的人口密度问题、土地使用问题以及其他潜在的社会经济问题进行评价。

3）森林区。森林是构成生态环境最重要的因素，因此保护森林具有特殊重要的意义。山区的热带和温带森林被认为是脆弱的生态系统，在这些区域开发建设要特别给予重视，如果开发过度或不当，将会导致整个区域的生态退化和崩溃，由此会产生多方面的社会经济问题。特别是那些在很大程度上依赖森林资源而生存的目标人口将会受到极大威胁，因此也可能会引起大量人口迁移，或者严重影响到他们的生产或生活方式，对此在社会经济环境影响评价中要给予充分的考虑。

4）沿海地区。沿海及海洋地区多属于世界上大多数生物，特别是水生生物的富产地带，这些区域也多属于生态脆弱区，对环境的变化极为敏感。在此开发建设项目所产生的各种环境影响可能会导致海洋复杂的食物链和生物链遭到破坏，进而影响到以海洋资源为生的那部分目标人口，有可能使他们被迫迁移或改变谋生手段。因此，在海洋开发项目环境影响评价中要特别注重社会经济环境影响评价。

5）文物古迹保护区。文物古迹是历史遗产，其社会价值难以用货币计量，因此在文物古迹保护区从事开发建设项目要特别慎重。在社会经济环境影响评价中要从保护文物古迹角度出发，遵照执行有关的文物保护法律和条例，提出合理的开发建设方案，尽量避免或减少对文物古迹的影响和破坏。如果有些开发建设项目必须影响和破坏文物古迹，则要根据文物的保护级别以及咨询有关专家来估算文物古迹的价值，进而估计开发建设项目的社会经济效益在多大程度上补偿了文物古迹的损失，同时要提出文物古迹损失的补偿及恢复措施，并与当地文物局及其他有关部门共同协商保护方案。

10.3 社会经济环境影响评价程序

社会经济环境影响评价程序如图 10—2 所示。

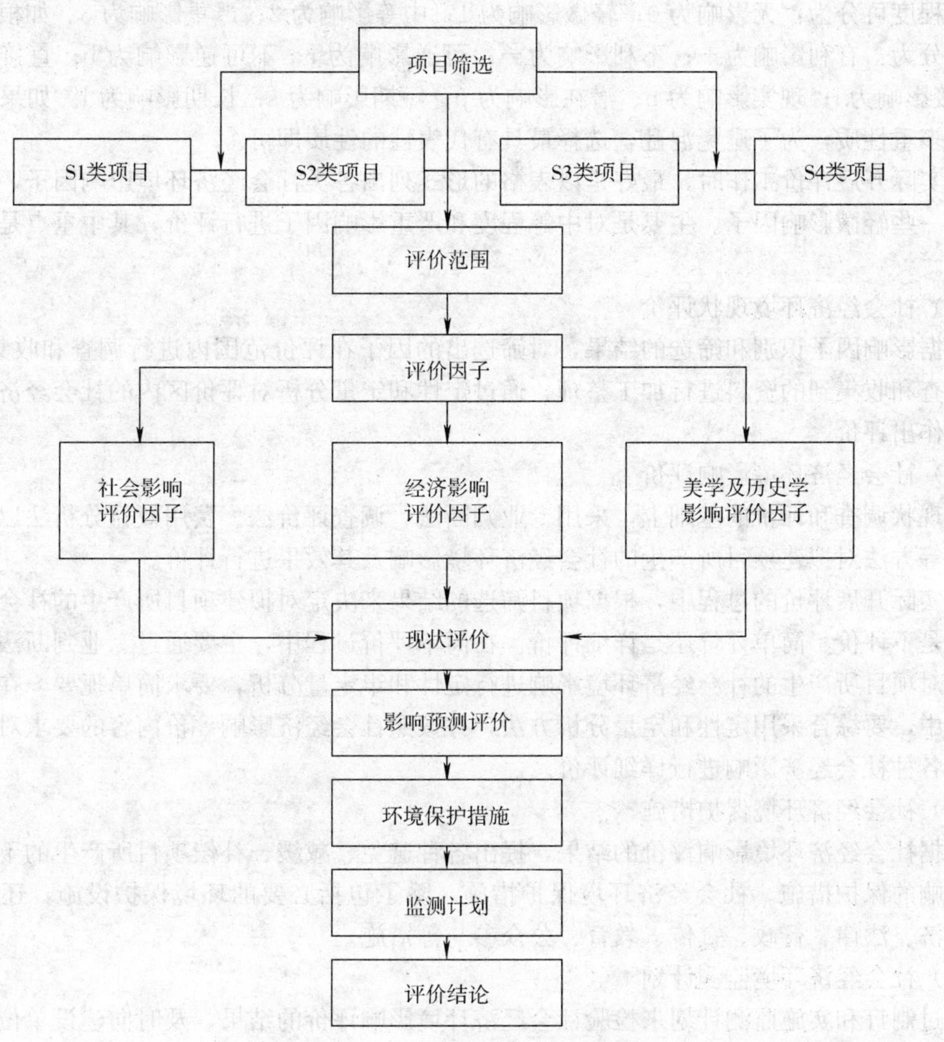

图 10—2 社会经济环境影响评价程序

(1) 明确评价目的

根据拟建项目所产生的环境影响及其效果来明确本次社会经济环境影响评价的目的。

(2) 筛选评价项目

根据项目筛选的一般原则以及项目产生的社会经济环境影响及其效果来进行项目筛选，由此确定出项目的类别，并根据类别来确定社会经济环境影响评价的深度和广度。通常为S4＞S3＞S2＞S1的顺序，评价深度和广度依次递减。

(3) 确定评价范围

充分利用现有的资料以及通过专业判断来确定项目所产生社会经济影响的范围，同时根据评价深度和广度的要求，确定出目标人口以及社会经济环境影响评价的范围。

(4) 评价因子的识别与筛选

对拟建项目可能影响到社会经济因子进行识别，可以通过半定量的方法进行判断。如根据影响程度可分为：无影响为0；轻微影响为1；中等影响为2；严重影响为3。如根据影响性质可分为：有利影响为＋；不利影响为－；可逆影响为r；不可逆影响为b；直接影响为d；间接影响为i；现实影响为n；潜在影响为p；短期影响为s；长期影响为l。如果评价因子具有多重性质，为了避免混乱，选择最具有代表性的性质即可。

在实际开展评价工作时，最好是以表格的形式列出各类社会经济环境影响因子，有保留地去掉一些轻微影响因子。主要是对中等程度和严重影响因子进行评价，其中重点是严重影响因子。

(5) 社会经济环境现状评价

根据影响因子识别和筛选的结果，对筛选出的因子在评价范围内进行调查和收集资料。对所调查和收集到的资料进行加工整理，通过定性和定量分析对评价区内的社会经济环境总体状况作出评价。

(6) 社会经济环境影响评价

在现状调查和评价的基础上，采用专业判断法、调查评价法、费用效益分析法以及环境经济学等方法对拟建项目所产生的社会经济环境影响及其效果进行评价。

在实际开展评价的过程中，根据项目筛选的结果来决定对拟建项目所产生的社会经济环境影响是不评价、简单评价还是详细评价。在简单评价过程中，主要通过专业判断法和调查评价法对项目所产生的社会经济环境影响进行定性和半定量分析，要求简单扼要。在详细评价过程中，要综合采用定性和定量分析方法，并按照社会经济影响评价内容的要求对项目所产生的各种社会经济影响进行详细评价。

(7) 社会经济环境保护措施

根据社会经济环境影响评价的结果，提出各种避免、减缓、补偿项目所产生的不利社会经济影响的保护措施。社会经济环境保护措施，除了包括必要的环境保护设施，还包括政治、经济、法律、行政、宣传、教育、公众参与等措施。

(8) 社会经济环境监测计划

通过制订和实施监测计划来检验社会经济环境影响评价的结果，及时向建设单位和行政主管部门以及环境影响评价单位和环境管理部门反馈信息，补充和修正社会经济环境影响评价的内容。同时通过监测计划来保证社会经济环境保护措施的有效实施。

(9) 社会经济环境影响评价结论

最后，在对项目所产生的社会经济环境影响进行分析和评价的基础上，给出评价结论。

10.4 社会经济环境影响评价方法

10.4.1 专业判断法

专业判断法是通过有关的专家或一定的专业知识来定性描述拟建项目所产生的社会、经济、美学及历史学等方面的影响和效果，该方法主要用于对拟建项目所产生的无形效果进行评价。如拟建项目对景观、文物古迹等影响难以用货币计量，所产生的效果是无形的。对于此类影响和效果可以咨询美学、历史、古文物保护等有关专家，通过专业判断来进行评价。

10.4.2 调查评价法

调查评价法是指通过对那些享受了企业效益或者承担了社会成本的个人或组织进行调查，搜索有关信息，通过对信息的分析来确定社会效益和社会成本数量的方法。调查评价法是一种粗略和不精确的方法，但在某些情况下，它所提供的信息不逊于较精确和较昂贵的方法。使用此法须遵守以下标准：第一，被评估的事项应该是使用者或受影响者能够明显体会到的，也就是说，能够确认有益处或害处；第二，不论是直接还是间接评估，都必须能将所受的影响转换成货币单位；第三，必须愿意提供真实的答案。采用调查评价法，关键在于拟定提出的问题，对于社会效益一般可提高“你愿意花多少钱以换取此一正在被评价的事物?”“你要得到多少钱才愿意停止接受此事物?”对于社会成本，可以问“你愿花多少钱以避免此项损害?”或“你要得到多少钱才愿意承担此项损失?”在采用调查评价法时，受访者可能产生两种偏差，从而影响数据的精确性。其一是某些人可能会试图提高自已的财富或地位，而答称愿意支付高于其内心实际愿意支付的数额。如征收土地时，农民提出的价格往往高于内心愿意支付的价格。其二是某些人害怕真实的回答对自己不利，而以低于内心实际愿意支付的数额来回答。因此，受访者的个人特性，被评价的事物的影响程度以及回答时的环境，对提问的结果都有不同程度的影响。在难以给出需求函数的情况下，可以采用调查评价法来估计目标人口对项目的需求情况，通过对项目产出的支付愿望，或对项目所产生损失愿意接受赔偿愿望来度量效益。调查评价法根据调查的方法不同可以分为以下几种：

(1) 投标博弈法

投标博弈法（Bidding games）是通过模仿商品的拍卖过程，对被调查者的受偿意愿进行调查，最后，将所有的被调查者愿意接受的金额汇总或平均，求出环境质量的货币价值。该方法所涉及的项目产出的往往是一些公共商品，例如，公用设施和环境景观就属于公共商品。一般来说，每个目标成员被认为可以获得同样数量的公共商品。

投标博弈法是基于商品或劳务的价格随同赢得平衡数量或质量的变化而变化的假设发展起来的。它涉及的往往是纯公共商品，例如，城市里清静空气或山区的毫无遮挡的景色。这个方法要求人们对假想的、不同数量或不同质量水平的各组商品作出估价。估价是根据对一组更好的商品的支付愿望（赔偿变差）或者对一组次货接受赔偿的愿望（等值变差）来进行的。估价个人愿意支付的最大货币数量或同意接受的最小赔偿方法是通过在个人访问中反复应用投标过程来进行的。首先，访问者仔细叙述商品的数量、质量、时间和占用场地尺寸，同时要讲清楚在某一事件期限使用该商品的权限。其次，提出一个起点投标，询问被访问者对该商品是否愿意支付那么多钱。如果回答是肯定的，就记下这种情况，再提高投标，一直提高到回答否定时为止。最后，访问者逐渐减低标的，以找出愿意支付的数额。这种方法也称为收敛投标法。

投标博弈法根据人们对不同数量和质量水平的各组公共商品的需求作出估价，并通过水平提高所表达的支付愿望，或水平降低所愿意接受的赔偿愿望，把每个人的支付愿望或赔偿愿望作为投标曲线，当把各投标曲线上的每一点加起来就得到总的投标曲线，并以此来代替需求曲线。

（2）比较博弈法

比较博弈法是指通过一组事物进行对比以确定被评估事物的价值的一种方法。比较博弈法是通过被调查者在不同的方案组合之间进行选择，调查被调查者的受偿意愿，最后确定环境质量的货币价值。

（3）德尔菲法（Delphi method），也称函询调查法或专家调查法

20世纪40年代，美国兰德公司（Rand Corporation）发展出了一种新型专家调查法。该方法是向专家、用户或熟悉预测目标情况、有一定经验的人进行调查，征询他们对某个预测目标的意见，然后，集中他们的意见，作出预测的一种方法。德尔菲是古希腊的一座城市，因阿波罗神殿而驰名，由于传说中阿波罗有着高超的预测未来的能力，故德尔菲就成了预言的代名词，被认为是集中智慧和灵验的地方。德尔菲法在调查和预测中得到了广泛的应用。它是采取系统的程序、不具名和反复进行的方法，草拟调查提纲，提供背景材料、轮回征询不同专家的预测意见，最后再汇总调查后的预测结果。有时要往反好几轮，直到意见基本一致为止。

德尔菲法是与其他方法的区别在于：它是用背对背的判断来代替面对面的会议，即采用函询的方式，依靠调查机构反复征求每个专家的意见，经过客观分析和多次征询反复，使各种不同意见逐步趋向一致。因此，这种方法在一定程度上克服了畏惧权威及不愿听到不同意见等弊病，使专家能够充分地发表意见，最后取得较为客观实际的调查结果。采用这种预测方法，可节省时间、减少费用、预测准确，适宜于长期预测。

1）德尔菲法的实施步骤

①拟定意见征询表。意见征询表是专家回答问题的主要依据，调查机构根据调查目的，拟定需要调查了解的问题，制成调查意见征询表作为调查的手段。拟定意见征询表应注意以下四个要点：

第一，征询的问题要简单明确，使人容易回答。

第二，数量不宜太多。

第三，问题的内容要尽量接近专家熟悉的领域，以便充分利用专家的经验。

第四，意见征询表中要提供比较齐全的背景材料，供专家作出判断时参考。

②选定征询专家。选择的专家是否合适，直接关系到德尔菲法的成功与否。在选择专家时，应注意以下要点：

第一，应按照调查需要的专业范围，选择精通业务、见多识广、熟悉情况、具有预见性

和分析能力的专家。

第二，专家人数的多少要根据调查内容和涉及面的宽窄而定，人数不能过多或过少，以10人左右为宜。

第三，调查机构用通信方式与专家联系，专家彼此之间不发生关系。

③轮回反复征询专家意见。第一轮，向专家寄发征询表，提供现有的背景材料，要求专家明确回答，并在规定时间内寄回，调查人员对各个问题的结论进行归纳和统计，并提出下一轮的调查要求。

第二轮，将第一轮经过汇总的专家意见及调查人员对所要调查的新的要求和意见寄给专家，要求专家根据收到的资料，提出自己的见解。在这一阶段，专家可以清楚地了解全局情况，他们可以保留、修改自己的原有意见。对于意见和总体结论差异较大的专家，应请他们充分陈述理由。然后，可再次将专家寄回的资料进行统计，并提出新的要求。

由此经过几轮的反复征询，使专家的意见逐步趋向一致。需要说明的是，征询的轮次和征询的时间间隔不应一概而论，须视调查内容的复杂程度、专家意见的离散程度而定，通常征询轮次为3～5轮，征询的时间间隔为7～10天。

④做出调查结论。调查人员根据几次提供的全部资料和几轮反复修改的各方面意见，最后作出调查结论。

2）德尔菲法的优缺点

①德尔菲法的优点

第一，匿名性。在每一轮的征询中，专家们都必须匿名地发表意见，这样可使被征询的专家不会出现因迷信权威或因慑于权威而不敢发言的现象，也不需要为顾全自己的面子而固执己见，从而使影响每个人畅所欲言的心理因素降到最低程度，创造一种平等、自由的气氛，鼓励专家们独立思考，充分发表意见。

第二，反馈性。在调查过程中要进行多次反馈征询意见，对各种不同意见加以修正，集思广益，有助于提高调查的全面性和可靠性。

第三，科学性。具有对调查结果定量处理的特性，即可根据需要从不同角度对所得结果进行统计处理，从而提高了调查的科学性。

第四，集中性。用统计方法集中所有调查对象的意见，把每个专家的个人判断尽可能反映在最后归纳的集体意见中。

第五，多向性。调查对象分布于不同的专业领域，在同一个问题上能了解到各方面专家的意见。

②德尔菲法的缺点

第一，调查结果主要凭专家判断，缺乏客观标准，故这种方法主要适用于缺乏历史资料或未来不确定因素较多的调查。

第二，有的专家在得到调查组织者汇总的反馈资料后，由于水平不高，或不了解其他专家所提供调查资料的依据，有可能做出趋近中庸的结论。

第三，由于反馈次数较多，反馈时间较长，有的专家可能因工作忙或其他原因而中途退出，影响调查的准确性。

为了克服上述局限性，可以采取以下措施：

第一，向专家说明德尔菲法的原理，使他们对这种调查的特点有较清楚的了解。

第二，尽可能详尽地提供与调查项目有关的背景材料。

第三，请专家将自己的判断结果分为最高值、一般值、最低值等不同类别，并分别估计其概率，以保证整个判断的可靠性，减少轮回次数。

第四，在第二轮反馈后，只给出专家意见的极差值，而不反馈中间答案，避免发生简单求同的现象。

10.4.3 费用—效益分析法

(1) 理论知识

任何建设项目的实施都需要花费费用，其目的是为了取得一定的效益。所花费的费用包括生产成本、社会付出的代价以及环境受到的损害等，所得到的回报包括环境效益和经济效益。在费用—效益分析法中可以把上述的费用和效益看做是环境、经济效益做一种度量，并把由项目引起的社会经济福利变化以等量的市场商品货币量或一定的支付愿望来表示。例如，改善环境质量可被认为是一种促进人类社会经济福利增加的活动，福利的增加可以看做是为了交换较好的环境质量所放弃等货币量的商品。反之，环境污染对人类产生有害影响则被认为是人类社会经济福利的减少，这可以用补偿社会经济福利损失所需等货币量的商品加以计量。

(2) 财务评价和国民经济评价

1) 财务评价：根据国家现行财税制度和现行价格，分析测算项目的数量和费用，考察项目的获利能力、偿还能力及外汇效果等财务状况，以判别建设项目财务上的可行性。

2) 国民经济评价：从国家整体角度考察项目的效益和费用，用影子价格、影子工资、影子汇率和社会贴现率，计算分析项目给国民经济带来的净效益。

3) 项目的效益：项目对国民经济所作的贡献，分为直接效益和间接效益。

4) 项目的费用：国民经济为项目所付出的代价，分为直接费用和间接费用（亦称外部费用）。

(3) 费用—效益的分析和度量方法

1) 市场价值法。这种方法把环境看做生产要素，当环境质量发生变化时则会导致生产力或生产成本的不变化，进而导致产量和利润的变化，这实际上就是社会经济费用和效益的变化。

如果由于某一建设项目改善或恶化了环境质量，从而引起其生产过程产量的增加或减少。已知该生产过程产品的价格需求函数时，就可以通过下式计算项目建设前后上述生产过程效益的变化：

$$\Delta B=\int_{Q_1}^{Q_2}P(Q)\mathrm{d}Q \qquad (10—1)$$

式中 Q_1、Q_2——分别为项目建设前后某一生产过程的产量；

$P(Q)$——商品需求价格函数；

ΔB——建设项目所带来某一生产过程效益的变化。

2) 资产价值法。是根据建设项目引起周围环境质量发生变化，进而引起资产的出售价格发生变化，并以此来计算资产效益的变化，也就是人们对在不同环境质量情况下对资产的支付愿望是不同的。

3）人力资本法。其应用依据是建设项目引起周围环境质量变化，从而对人体健康发生影响。例如，当环境质量恶化，对人体健康方面所造成的损失主要包括：过早死亡或病休所造成的收入损失；医疗费开支的增加；社会成员精神或心理上的代价。

人过早得病或死亡的社会效益损失是由社会劳务的部分或全部损失带来的，它等于一个人丧失工作时间的劳动价值或预期的收入现值。

$$V_x = \sum_{n=x}^{\infty} \frac{(P_x^n)_1 (P_x^n)_2 (P_x^n)_3}{(1+r)^{n-x}} Y_x \qquad (10\text{—}2)$$

式中 V_x——年龄 x 的人未来的收入现值；

Y_x——年龄 x 的人未来收入的现值；

$(P_x^N)_1$——年龄 x 的人活到年龄 n 的概率；

$(P_x^N)_2$——年龄 x 的人活到年龄 n，并且具有劳动能力的概率；

$(P_x^N)_3$——年龄 x 的人在年龄 n 还活着，具有劳动能力，仍然被雇用的概率。

由式（10—2）对整个社区成员进行分析时，对那些丧失劳动能力的人、退休的老人以及家庭主妇等所计算的收入现值为负值，由此可得出这样的结论，即这些人如过早死亡，社会总效益会随之而增加。这显然从道义上是令人难以接受的，因此这种理论也被称为冷血观点。

4）旅行费用法。是根据消费者为了获得娱乐享受或消费环境商品所花费的旅行费用，以此来评价娱乐性环境商品的效益。例如，较为常见的旅游，其效益就可以通过旅行费用法来进行评价。当不考虑其他因素影响时，由旅行者的人数、天数和边际旅行费用来建立起一定的需求函数或描绘出一条需求曲线，由此计算出的总费用即代表娱乐性环境商品的效益。

5）防护费用法。是根据项目引起环境质量的变化，把人们愿意负担的消除或减少有害环境影响的费用作为项目所带来环境效益损失的最低估价。防护费用法已被广泛应用于对噪声污染的评价中。

6）恢复费用法。如果建设项目引起环境质量下降，进而造成生产性资产的损害，则恢复环境质量或生产性资产的初始状态所花费的费用可作为项目引起环境效益损失的最低估价。

水土流失、水污染造成工、农、渔以及林业损失，采煤引起地面下沉而造成建筑物损失，都可以用恢复费用法来评价效益损失。

（4）费用—效益分析法

在建设项目环境影响评价中，环境经济损益分析是一部分很重要的评价内容。当拟建项目所产生的环境影响难以用货币单位计量，即产生无形效益时，我们可以通过费用—效益分析进行非完全货币化的定量分析。

环境费用—效益分析法是典型的常规审计分析方法与环境经济学方法相整合在环境绩效审计中的一种应用方法。其目的是在现有的经济技术条件下，以最少的费用取得最大的利益，其基本原则是效益必须大于费用。

环境费用是指为管理企业活动对环境造成的影响而被要求或主动要求采取的措施成本，

以及因企业执行环境目标和要求所付出的其他成本（费用），目前一般有三种方式：一是为达到环境保护法规所强制实施的环境标准而发生的费用，如环保设备的投入成本及营运费用；二是国家实施经济手段保护环境时企业所发生的成本费用，如超标准的排污费；三是企业为了提高自身环境要求而主动付出的环境成本费用，如为了使自己的产品在国内及国际市场上更具有竞争力，提高企业的环保声誉，开发绿色产品等。

环境效益一般从经济效益和社会效益两方面分析，经济效益包括由于由企业发生环境成本支出而改善环保措施而带来的直接效益和间接效益；社会效益则包括企业形象的提高、绿色产品的开发与销售、环境风险的降低、减少职工和附近居民的发病率等间接效益。

在费用—效益分析中，费用以货币形态而效益以其他单位来加以度量。在实际开展费用—效益分析时，通过如下几种方法来进行。

1）最佳效果法

在费用基本桢的条件下来比较不同方案的效果，从中选择最佳方案，称为最佳效果法。

2）最小费用法

在效益基本相同的条件下，即达到所要求的环境保护目标，比较不同方案的费用，从中选择费用最小的方案，称为最小费用法。

3）直观效果法

拟建项目所产生的环境影响当用其他的定量单位指标也难以度量时，我们可以通过采用强、中、弱以及无影响或通过文字说明来直观地描述拟建项目和环保设施的环境效果。由于是通过专业判断来进行，所以要以有关专家的判断作为重要的参考依据。

（5）环境费用—效益的价值评估方法

环境费用—效益的价值评估是绩效审计的重点和难点，但这也是环境费用—效益的评价基础。环境费用—效益的价值评估方法又称环境经济评价技术，它通过一定的手段，对环境资产所提供的物品或服务进行定量评估，并且通常以货币的形式表征出来。主要有以下三种方法：

1）直接市场价值评价法。直接市场价值评价法是将环境质量视为一个生产要素，其变化会引起生产率和生产成本的变化，从而导致产品价格和产出水平的变化，通过对这种变化的观察和量度并用货币价格测算可评估环境变化的影响。主要包括生产效应法、人力资本法、机会成本法。

2）揭示偏好价值评估法（替代市场法）。揭示偏好价值评估法通过对人们表现出来的环境偏好（人们在与环境联系紧密的市场中所支付的价格或所获利益）估算环境质量变化的经济价值。该方法主要有内涵资产定价法、防护支出法、旅行费用法等。

3）意愿调查价值评估法（陈述偏好法）。意愿调查价格评估法是通过对人们表达出来的环境偏好估算环境质量变化的经济价值，是典型的陈述偏好法。意愿调查价值评估法通过调查，推导出人们对环境资源的假想变化的评价。当缺乏真实的市场数据，甚至也无法通过间接的观察市场行为来赋予环境资源以价值时，只好建立一个假想的市场来解决。意愿调查价值评估法试图通过直接向有关人群提问来发现人们是如何给一定的环境变化定价的，直接询问调查对象的支付意愿或接受赔偿意愿是意愿调查价值评估法的特点。如投标博弈法、比较博弈法、无费用选择法、专家调查法等就是几种常用的意愿调查价值评估法。

(6) 环境费用—效益分析法的审计程序与方法

1) 识别拟建项目环境影响的费用与效益，并进行货币计量。首先应确定分析目标及分析范围，识别主要的环境影响。在这一阶段，应充分利用环境经济专家的工作及意见，尽可能全面地考虑环境的直接影响和间接影响，然后通过价值评估技术对上述物理效果进行货币计量。进行正确的货币计量是费用—效益分析的重点和关键。借用环境经济学的价值评估方法对环境绩效审计项目所造成的社会效益和经济效益进行计量，也是环境费用—效益分析的关键所在。

2) 应用财务管理学知识把发生在未来的费用与效益贴现为现值。由于项目的实施及运行通常要持续几年甚至几十年的时间，对环境造成影响的费用和效益也会随时间而积累。因此必须把时间因素考虑进来，从而有可能把发生在不同时间的费用和效益进行对比。

3) 通过财务指标将贴现的费用和效益进行对比。把环境影响的费用和效益的现值与其他方面的费用和效益的现值相加，求出总的费用现值和效益现值。然后利用财务管理学的投资决策方法，如净现值法、现值指数法等作出决策。

4) 确定评价标准，进行综合评价。由于审计项目的复杂性，环境绩效审计采用的标准可能有所不同，需要根据具体项目进行分析。主要依据有《环境影响评价法》和《建设项目环境保护管理条例》等规定。

5) 提出审计结论和建议。

(7) 使用环境费用—效益分析法的注意事项

环境费用—效益分析在环境绩效审计中的最主要应用就是提供量化结果，但在应用时注意以下三点：

1) 在运用环境费用—效益分析法时要注意结合我国的国情

现有的研究也多数照搬环境经济学的方法，因此在借用时应充分考虑我国的国情。由于我国尚未建立综合考虑环境因素的经济核算体系，仅依靠现有的会计资料，对项目进行评价所得出的结论不仅是不全面的，而且还有可能是违背可持续发展原则的。因此在进行环境绩效审计采用此方法时不仅要注意经济上的可行性，还要从环境保护方面考虑社会效益和环境效益，正确计算环境保护成本和环境保护效益，要包括所有发生的直接和间接效益。

2) 在进行环境绩效审计时，要注意环境价值评估方法的选择是否适用

例如，使用意愿调查价值评估法评估环境资源的价值，在我国很少有实例，主要原因在于缺乏进行市场调查的传统及对环境价值的认识偏低，很难得出真实的结果。

3) 运用该方法时要考虑项目的环境影响的长期性特点

运用价值评价理论主要是从环境效益和成本的量化角度更好地判断环境绩效审计项目的经济性、效率性和效果性。但由于环境影响的长期性和综合性，如果仅在短期内对某单项工程对居民健康的影响进行评价，就很可能造成环境成本偏低。因为一般的环境审计很难对一个项目进行很长时间的跟踪，而环境对健康的影响有的要经过 10 年以上才会显露。因此在运用该法时应充分考虑该项目的环境影响的长期性特点。

(8) 某砖瓦厂环境—效益分析法评价实例

1) 砖瓦厂概况

占地 100 亩，年产黏土砖块 3 000 万块，日产 10 万块，投资 356 万元，营运期 10 年。

2）费用成本估算

①直接费用

直接费用成本见表 10—2。

表 10—2　　直接费用成本　　万元/年

项目	成本
设备维修费	3.8
燃料费	45.3
电费	19.4
劳务费	60
合计	128.5

②环境成本（间接环境影响）。环境成本主要指使用资源和造成环境污染等外部不经济费用。为简单起见，这里只考虑主要的环境影响，即毁田取土和氟化物污染气体对桑蚕生产的影响所带来的环境负效益。

一是毁田取土。本项目每年制砖毁田 300 亩，假设以耕作层 40 cm 取土量计，采用机会成本法计算其损失。以土地原有使用功能（种植水稻）为代表，每亩年产水稻 500 kg 计，每公斤净收益 1.0 元，则该项目一年毁田取土的成本为：

500×1.0×300=15（万元）

二是氟污染。一般砖瓦厂废气中氟化物的排放浓度为 20～30 mg/m^3。此浓度足以对其风向 1 000 m 范围内的桑蚕生产产生严重影响。此项环境成本难以用治理费用计算，故用氟污染对桑蚕生产的影响来评价成本。由于在蚕生产期间（一般为 5 月下旬到 6 月中旬），地方政府均强制要求砖瓦厂停产以保护蚕生产，因此可以用停产所带来的经营损失作为砖瓦厂氟污染的环境成本：

10 万块/天×30 天×0.1 元/块=30（万元）

3）效益估算

①生产效益。年产 3 000 万块砖，按市场价格计算的生产效益为：

3 000 万块×0.1 元/块=300（万元/年）

②环境经济效益（间接影响效益）。砖瓦厂回收利用煤渣的间接经济效益，表现为两个方面。

一方面，煤渣的回收利用减少了毁田取土量。本项目可回收煤渣量 126 kg/万块。低比例渗入黏土中制砖，可每年减少毁田 2.5 亩，因此产生的效益用种植水稻所得的收入来表示。

2.5 亩×500 kg/亩×1.0 元/kg=1 250（元/年）

另一方面，煤渣回收利用可减少用地 2 亩，用以上相同方法计算其效益为 1 000 元/年。

两项合计为 2 250 元/年，由于水稻种植的重复性，该项效益第二年起应累计计算。

在成本效益分析时，环境审计人员应采取抓重点的方法，先对重要事项进行处理，然后再解决次要的事项，这样在重要事项解决后，其他有关事项就会迎刃而解，从而可以省去在某些次要问题上所占用的时间，节省相关的审计成本。而分析的过程中往往需要具有丰富审计经验的审计人员，因为在错综复杂的证据面前，有经验的审计人员知道如何抓住审计重点，如何从收集到的审计证据中找到隐藏在证据后的问题。

4）综合评价。综合前面的分析计算，该砖瓦厂的环境费用—效益计算见表10—3。

表10—3　环境费用—效益分析表

年序	产量（块）	费用成本（万元）		效益（万元）		净效益（万元）	
		生产成本	环境成本	生产效益	环境效益	未贴现	贴现
1	2 000	484.5	45	200	0.225	−329.28	−329.28
2	3 000	128.5	60	300	0.450	111.95	97.36
3	3 000	128.5	75	300	0.675	97.18	73.47
4	3 000	128.5	90	300	0.900	82.4	54.18
5	3 000	128.5	105	300	1.125	67.62	38.67
6	3 000	128.5	120	300	1.350	52.85	26.28
7	3 000	128.5	135	300	1.575	38.07	16.46
8	3 000	128.5	150	300	1.800	23.3	8.76
9	3 000	128.5	165	300	2.025	8.52	2.79
10	3 000	128.5	180	300	2.250	−6.25	−1.78
合计	29 000	1 640	1 125	2 900	12.375	−146.38	−63.10

净现值＝−63.10（万元）

环境效益/环境费用＝0.72

5）环境绩效审计结论和建议

①环境费用—效益分析表明，砖瓦厂的环境经济评价净现值小于0，效益费用比小于1，不论从长期或短期看，砖瓦厂对生态环境造成的影响都是巨大的，其中某些影响是不可恢复的。

②该项目的效益，第二年比第一年有所上升，其余均是逐年减少的，说明砖瓦厂是非可持续发展的。

③改善砖瓦厂的生产工艺和技术水平，积极开展废物制砖机等的研究，开发新型建材，保护耕地资源。加强对砖瓦厂废气，尤其是氟化物的污染治理，以减少环境污染损失。

本章小结

本章主要讲述社会经济环境影响评价的意义；社会经济环境影响评价的内容与范围；社会经济环境影响评价的程序、方法。

练　习　题

1. 选择题

(1) 经济影响评价因子包括________。

A. 经济基础　　B. 需求水平　　C. 收入分配　　D. 就业与失业

(2) 社会经济环境影响评价分类包括________。

A. S1类项目　　B. S2类项目　　C. S3类项目　　D. S4类项目

2. 填空题

(1) 社会经济环境影响评价因子包括________、________、________、________、________、________。

(2) 社会经济效果包括________、________、________。

3. 判断题

(1) 美学和历史学环境影响因子包括美学、历史学两方面。

(2) 亚洲开发银行在所提供的社会经济分析指南中，把目标人口对拟建项目的需求分为三个等级。

4. 简答题

(1) 社会经济环境影响评价的目的是什么？

(2) 简述社会经济评价因子。

(3) 简述社会经济环境影响评价的程序。

阅读材料6

某经济技术开发区环境影响评价中的社会经济环境影响分析

一、开发区基本情况

该开发区规划总面积为30 km^2，开发区内有2个乡，住户6 000余户，人口约为23 400余人。开发区地处城市与农村的交接部，目前区内主要从事农业生产和乡镇企业生产活动。根据开发区总体规划，开发区未来建设以工业生产为主，并成为集贸易、科研、医疗、商业服务、居住生活为一体的综合性经济技术开发区。

二、评价目的

该项专题评价作为开发区总体环境影响评价的主要组成部分，将评价开发建设活动可能产生的社会经济环境影响，为了避免和减轻不利影响而提出防治或补偿措施，为开发区建设实施有效的环境管理提供基本的依据。

三、项目筛选

由于开发区的建设和发展属于大规模开发项目，同时在开发区建设期间会出现大量工业项目，且有较多数量的移民。因此，该项社会经济环境影响评价属于 S4 类，即需要进行社会经济环境影响详细评价，同时要提交专题报告书。

四、影响因子识别与筛选

利用已收集和现有资料，并通过专业判断社会经济环境影响因子见表 10—4。

表 10—4　　社会经济环境影响因子识别

活动影响因子		以建设为主阶段			以营运为主阶段		
		征地拆迁	开发建设	营运	征地拆迁	开发建设	营运
社会	人口迁移	−3s	−2s	0	−1s	0	0
	住房	−3s	−1s	+1r	−1s	0	+2r
	科研单位	−1r	−1r	+1r	−1r	0	+2r
	学校	−1r	−2r	+1r	−1r	−1r	+2r
	医院	−1r	−2r	+1r	−1r	−1r	+3r
	公共设施	−3r	−1r	+2r	−1r	0	+3r
	社会福利	−2r	−1r	+2r	−1r	+1r	+2r
经济	经济基础	−2r	−1r	+2r	−1r	−1r	+3r
	需求水平	−2r	+1r	+2r	−1r	+2r	+3r
	收入及分配	−1r	+1r	+2r	−1r	+2r	+3r
	就业	−2r	+1r	+2r	−1r	+2r	+3r
美学	自然景观	−2s	−1s	0	−1s	+2r	0
	人工景观	−1s	0	+1r	0	+2r	+2r

注：①“+”有利影响，“−”不利影响，“r”可逆影响，“s”不可逆影响；
②3、2、1、0 分别表示强、中、弱、无影响。

通过表 10—4 社会经济环境影响因子识别初步判断，筛选出在以建设为主阶段时，主要的社会经济影响活动为征地拆迁，并表现为不利影响，而主要的影响因子为人口迁移、住房、公共设施、就业、自然景观。在以营运为主阶段时，主要社会经济影响活动为生产营运活动，且表现为有利影响，主要的影响因子为公共设施、经济基础、需求水平、收入分配、就业等因子。在实际开展评价时，要有针对性地对主要的社会经济影响活动和影响因子进行重点评价。

五、确定评价范围

在开发建设期目标人口 23 400 人，在营运期目标人口 247 800（包括建设期目标人口），根据目标人口所在区域确定评价范围为开发区规划面积 30 km^2 及其周边环境。

六、社会经济环境现状评价

1. 社会环境现状评价

（1）人口迁移

开发区内现有居民 6 000 余户，总人口 23 400 人。其中涉及拆迁户数为 4 000 余户，人口约为 15 600 人。由于拆迁及占用农田，实际受开发区建设影响人数为 23 400 人。

（2）住房

开发区内现有住房绝大多数为砖瓦房，少数为泥草房，所涉及的拆迁住房为 4 000 余户。

（3）科研单位

开发区内现有省级科研单位一个，主要从事蔬菜及农产品的研究。

（4）学校

开发区内现有各类学校 12 所，其中各类职业及专科学校 7 所，中学 2 所，小学 3 所。无大专院校及重点学校。

（5）医院

开发区内现有乡镇卫生院 2 个和几个私人医疗所，医疗卫生现状条件较差。

（6）公共设施

1）交通运输。开发区内现有道路 10 条，总长度 28 km，其中 3 条为过境公路，路况较好。区内目前有 5 条公路公交线路，交通运输条件较好，但仍满足不了开发建设的需要。

2）给水排水。区内目前只有净水厂等少数单位铺设了上下水管道，大多数企业采用深井取水，居民采用压井取生活用水。区内给水排水现状较差。

3）供热供气。区内少数单位由开发区临近的电热厂供热供气，大部分单位及居民通过燃煤自行解决供热供气问题。区内供热供气状况较差。

4）电力通信。区内现有一次变电所 1 个，二次变电所 3 个，能够满足现有企业事业单位和当地居民的用电需要。区内现有的通信线路可满足当地的需要。

2. 经济环境现状评价

（1）经济基础

区内 2 个乡都涉及征地拆迁。目前，这 2 个乡主要从事农业、林业、畜牧业、乡镇企业等项生产活动。开发建设活动总征地面积约为 900 km^2，这些土地资源现在主要用于种植蔬菜、粮食、畜牧业以及从事乡镇企业等项生产活动，具有农业生产占用率高、种植指数高、畜牧放养量大以及单位土地产出率低等特点。

（2）需求水平

对区内的目标人口进行了抽样调查，抽样调查人数为 100 人。样本的选择主要是依据不同的收入阶层和从事不同职业的人，他们之中包括现实的受损人以及潜在的受益人和受损人。将开发区需求水平划分为三个等级。

1）高：所选取的样本中 60％的人认为尽管在开发区建设初期他们可能受损，但他们认为所受到的损失可以得到补偿，并可以从开发区建设中获得潜在的效益。这部分人对开发建设具有强烈的需求愿望，愿意积极参与并支持开发建设，这部分人大部分是住房条件较差、收入水平较低且从事农业生产活动的农民。

2）中：样本中有25％的人认为在征地拆迁中他们将受到损失，并认为通过安置和得到赔偿只是对所受到的损失在一定程度上的补偿。他们对开发建设的潜在效益具有一定兴趣，对参与开发活动的愿望有限，而且态度不积极，他们既不表示积极赞成，也不表示反对开发建设活动。这些人对开发建设具有中等的需要，这些人住房条件一般，收入水平中等，主要供职于乡镇企业或是个体的农民。

3）低：样本中15％的人认为在征地拆迁中他们将受到较大的损失，并认为政府对他们的补偿弥补不了他们所受到的损失。他们对开发建设活动抱有成见，不愿意参与开发建设活动。这些人对开发建设具有低水平的需求，这些人的住房较好，收入水平较高，拥有个人企业或者从事个体劳动。

（3）收入及分配

根据现状调查，目标人口在2008年的人均收入为3 800元，其中对开发区具有较高需求水平的目标人口人均收入为1 800元/年，具有中等需求水平的目标人口人均收入为2 600元/年，具有低需求的目标人口的人均收入为4 700元/年。

（4）就业

2008年目标人口中就业人口占50％左右。其中乡镇企业职工人数占8％，村办企业或者在村里从事蔬菜、畜牧的人员占28％，从事个体经营活动的从业人员占14％。

3. 美学环境现状

（1）自然景观

区内开发范围内没有具有较高价值的自然景观，从地貌景观看，地形复杂程度较低，地势比较平坦，视野比较开阔。

（2）人工景观

开发区内占有土地大部分为农田，人工景观主要表现为农业生态景观。

七、经济环境影响评价

1. 社会环境影响评价

（1）人口迁移

根据开发区总体规划，在拆迁的4 000户中，其中65％的拆迁户需要在开发建设为主阶段的征地拆迁过程中完成，其余的需要在以运营为主阶段的征地拆迁过程中完成。拆迁在征地和开发建设过程中，表现为现实的、直接的、不可逆的、短期的和不利的影响。

（2）住房

在征地拆迁和开发建设过程中，由于涉及的拆迁户数较多，难以及时得到妥善安置，所以，可能会带来短期的和不利的影响。但同时根据开发区规划给每户拆迁居民安置两室一厅的房子，对于多数居民来说，建设后的住房条件要远远好于他们以前的住房条件，由此带来的长期有利的影响。

（3）医院

由于开发区医疗条件现状较差，同时开发建设过程中还可能出现伤残风险以及征地拆迁过程中可能引发一些疾病，因此，这一阶段可能会带来一定程度的不利影响。开发区建设计划筹建开发区医院，这样就可以改善当地的医疗条件。

（4）公共设施

开发区原有的公共设施条件比较差，加上开发区建设活动使公共设施负荷量增加，所以，在建设期对公共设施将产生较严重的不利影响。根据开发区的建设要求，在开发区要建设一级公路，333 条供水管道，220 台 50 t/h 锅炉供热，以及 1 处变电所和设置电信分局 2 处。随着开发建设，区内公共设施将会得到较大改善，这样开发建设活动将会对开发区内公共设施带来较大的有利影响。

2. 环境影响评价

(1) 经济基础

开发区建设坚持以发展工业、吸收外资、创办出口和技术先进型企业为主的方针，同时带动第三产业的发展，把开发区建成为与国际经济接轨的、功能齐全、结构合理、设施完善、综合优势明显的现代化经济区，规划后，开发区的产值将在原基础上增加 10 倍。由此看来，开发区建设会对区域经济产生长期的重大的有利影响。

(2) 需求水平

开发区的建设将在区域经济发展中发挥龙头的作用，成为区域对外开放和通向国际市场的窗口和桥梁，所以，从区域社会经济总体发展来看，对开发区的建设具有较高的需求水平。开发区建设的直接潜在受益人一部分由于就业而增加效益，一部分由于收入水平提高而从开发区建设中获益。预计间接受益人还会更多。因此开发区建设对需求水平将会产生重大的长期的有利影响。

(4) 收入及分配

开发区现人均收入较低，根据预计，开发区建设以后，人均收入将大大增加，这样总体上看，人们的贫富差距将缩小。

(5) 就业

根据预测，在开发区建设过程中，即涉及征地拆迁的那部分居民，每家计划解决一人的就业问题。

3. 美学环境影响评价

随着开发区建设的进行，开发区将从农业生态景观变成城市生态和现代化建筑景观。

4. 社会经济环境影响费用—效益分析

开发区建设的社会经济费用主要表现为在征地拆迁过程中付出的代价以及开发区建设的投入。开发区建设的社会经济效益主要包括产值的增加、就业、收入增加等多方面的效益。

参考文献

1. 蔡艳荣等. 环境影响评价. 北京：中国环境科学出版社，2004

2. 马太玲. 环境影响评价. 武汉：华中科技大学出版社，2009

3. 环境保护部环境工程评估中心. 2009 年环境影响评价工程师教材——环境影响评价案例分析. 北京：中国环境科学出版社，2009

4. 环境保护部环境工程评估中心. 2009 环境影响评价工程师教材——环境影响评价技术方法. 北京：中国环境科学出版社，2009

5. 环境保护部环境工程评估中心. 2009 环境影响评价工程师教材——环境影响评价技术导则与标准. 北京：中国环境科学出版社，2009

6. 环境保护部环境工程评估中心. 2009 环境影响评价工程师教材——环境影响评价相关法律法规. 北京：中国环境科学出版社，2009

7. 田子贵，顾玲. 环境影响评价. 北京：化学工业出版社，2004

8. 何德文，李铌，柴立元. 环境影响评价. 北京：科学出版社，2008

9. 陆书玉. 环境影响评价. 北京：高等教育出版社，2005

10. 程水源，崔建升等. 建设项目与战略环境影响评价（高等院校环境类系列教材）. 北京：中国环境科学出版社，2008

11. 环境保护部环境影响评价管理司. 环境影响评价岗位培训教材. 北京：化学工业出版社，2006

12. 钱瑜. 环境影响评价. 南京：南京大学出版社，2009

13. 周国强. 环境影响评价. 武汉：武汉理工大学出版社，2009

14. 柴立元，何德文. 环境影响评价学. 湖南：中南大学出版社，2006

15. 姚运先. 环境监测技术. 北京：化学工业出版社，2003

16. 梁耀开. 环境评价与管理. 北京：中国轻工业出版社，2002

17. 丁桑岚. 环境评价概论. 北京：化学工业出版社，2001

18. 胡汉明等. 环境评价. 北京：教育科学出版社，2001

19. 吴国旭. 环境评价. 北京：化学工业出版社，2002

20. 夏立江等. 土壤污染及其防治. 上海：华东理工大学出版社，2001

21. 陆雍森. 环境评价. 上海：同济大学出版社，1999